Adelheid Wimmer/Walter Buchacher/Gerhard Kamp/Josef Wimmer

Das Beratungsgespräch

Adelheid Wimmer/Walter Buchacher/
Gerhard Kamp/Josef Wimmer

Das Beratungsgespräch

Skills und Tools für die Fachberatung

2. Auflage

Bibliografische Information der Deutschen Nationalbibliothek

Die Deutsche Nationalbibliothek verzeichnet diese Publikation in der Deutschen Nationalbibliografie; detaillierte bibliografische Daten sind im Internet über http://dnb.d-nb.de abrufbar.

ISBN 978-3-7093-0665-9 (Print)
ISBN 978-3-7094-1085-1 (E-Book-PDF)
ISBN 978-3-7094-1086-8 (E-Book-ePub)

1210 Wien, Scheydgasse 24, Tel.: 01/24 630
www.lindeverlag.at

Umschlag: buero8
Satz: psb, Berlin
Druck und Bindung: PBtisk a.s.
Dělostřelecká 344, CZ, 261 01, Příbram – www.pbtisk.eu

Inhalt

Wir danken Frau DSA Helga Goll für ihre konzeptionelle Beratung und inhaltliche Mitarbeit an diesem Buch. Mit ihrer großen Erfahrung in Beratung, Aus- und Weiterbildung, ihrem kritischen Interesse und unermüdlichen Engagement hat sie zu seiner Realisierung wesentlich beigetragen.

Kapitel 1

Was ist Fachberatung?

Fachberatung ist eine Form von Hilfestellung und kreativer Lösungssuche. Sie wird dann gesucht, wenn Unsicherheit infolge Nichtwissens, Nicht-Verstehens, Komplexität, Widersprüchlichkeit oder Neuerungen entsteht. Durch Information, fachliches und prozedurales Wissen sollen Entscheidungs- und Handlungsmöglichkeit, Planbarkeit und Sicherheit (wieder-)hergestellt werden. Psychologische und kommunikative Kompetenz entscheidet, ob der Beratungsinhalt auch ankommt und integriert werden kann.

1.1 Fachberatung – Definition, Voraussetzung

Unter Beratung verstehen wir eine kommunikative Situation, für die der Berater* Fähigkeiten und Fertigkeiten („skills") und Werkzeuge („tools") braucht, um gemeinsam mit dem Klienten einen Problemlösungsprozess zielorientiert gestalten zu können.

Fachberatung verstehen wir somit als einen gewollten und gesteuerten **Kommunikationsprozess** zwischen einem oder mehreren Beraterinnen und Beratern und einem oder mehreren Klienten mit dem **Ziel**,

- durch Vermitteln von sachlichen Informationen und fachlichem Wissen
- den Klientinnen Grundlagen für Entscheidungen und Handlungsmöglichkeiten zu geben,
- um ihre Situation, ihre Anliegen und ihre Probleme verändern, lösen oder bewältigen zu können.

Die im Verlauf dieses Kommunikationsprozesses sich entwickelnde professionelle Beziehung zwischen Berater und Klient ist Basis und Träger der Veränderungsmöglichkeit und bedarf aufmerksamer Beachtung und Reflexion sowie besonderer Gesprächsführungstechniken und Interventionen (siehe Kapitel 3 und 4).

Zur Erreichung des oben angeführten Ziels können **Zwischenziele** notwendig sein:

- Anliegen klären und gemeinsames Bild herstellen
- Wissen ergänzen/vertiefen
- Handlungsspielraum erweitern
- Handlungsoptionen entwickeln, aufzeigen und abwägen (Chancen – Risiken)
- Durchführungsmöglichkeiten aufzeigen und abwägen (Chancen – Risiken)
- Entscheidungsfindung unterstützen

Beratung kann ein oder mehrere Gespräche umfassen und verläuft in Phasen mit je unterschiedlichen Aufgaben und Zielen (siehe Kapitel 3.6).

---

* Bezeichnungen von Personen, die nicht gendergerecht sind, umfassen immer beide Geschlechter.

Definition der Fachberatung

1.2 Fachberatung im Unterschied zu anderen Beratungen

Versuch einer Abgrenzung

Betrachten wir die vielen Formen der Beratung, die angeboten werden, so können wir sie in drei Kategorien einteilen. Zum einen in die Fachberatung, mit der wir uns in diesem Buch beschäftigen, und in Abgrenzung dazu einerseits die Prozessberatung und andererseits die Psychosoziale Beratung.

Fachberatung und Prozessberatung: Prozessberatung unterstützt den Klienten darin, eine Aufgabe zu bewältigen, indem der Berater mit dem Klienten gemeinsam an einer individuell passenden Lösung arbeitet und dafür das Prozess-Know-how einbringt. Formen von Prozessberatung sind beispielsweise Organisationsberatung, Coaching und Supervision. Die methodischen Ansätze sind vielfältig: von systemisch bis psychoanalytisch.

Während der Prozessberater mit der Expertise, den Ressourcen und dem Lösungswissen des Klienten arbeitet, bietet die Fachberatung *zusätzlich* Hilfe in Form von sachlich-fachlichem und prozeduralem Wissen an. So z. B. das Wissen darüber, was dem Klienten rechtlich zusteht und welche Wege der Durchsetzung offenstehen.

Fachberatungsbedarf kann in jeder Prozessberatung evident und eine Überweisung nötig werden. Umgekehrt ist Fachberatung immer bestrebt, auch eine sinnvolle Mitwirkung der Klientin in der Beratung zu erreichen bzw. über das Fachwissen hinaus auch Entscheidungs- und Handlungshilfe zu bieten.

Fachberatung und Psychosoziale Beratung: Während sich Fachberatung und Prozessberatung in der Art ihrer Beratung unterscheiden, liegt der Unterschied zwischen Fachberatung und Psychosozialer Beratung in Situation und Befinden der Klienten. Psychosoziale Beratung richtet sich an Menschen, die sich in einer psychisch belastenden Lebenssituation befinden, in einer Krise sind oder an einer psychischen Erkrankung leiden. Sie – zum Beispiel in Form von Sozialarbeit, Lebens- und Sozialberatung und Familienberatung – will bei Fragen und Problemen des alltäglichen Lebens helfen.

Unterschiede und Gemeinsamkeiten

Es ist nicht verwunderlich, dass es zwischen diesen Beratungsfeldern keine trennscharfe Abgrenzung gibt. Fachberater sollten sich darüber im Klaren sein, dass es in den Grenzbereichen zu den anderen Beratungsfeldern immer zu Überschneidungen kommt.

So sind wir Fachberater gefordert, Klienten auch in der Umsetzung der Lösung oder der Durchsetzung ihrer Interessen zu helfen. Häufig kommen auch Klienten, die durch ihre Situation emotional oder psychisch belastet sind. In all diesen Fällen ist ein Grundwissen über Prozessberatung und Psychosoziale Beratung von Vorteil, um mit solchen Situationen umgehen oder auch die Grenzen als Fachberater besser erkennen zu können.

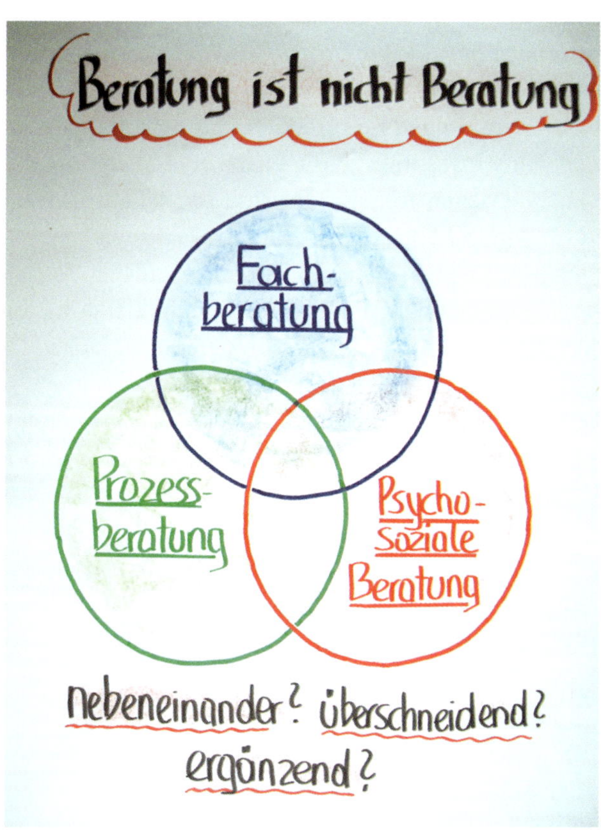

Die unterschiedlichen Formen der Beratung

1.3 Felder und Spezifika der Fachberatung

Gut beraten! – Fachberater als Dienstleister für Personen, Firmen und Institutionen

„Ohne sich selber zu mindern,
vermag man die anderen zu mehren."
(aus China)

Das Leben stellt uns Menschen in einer immer komplexer werdenden Welt zunehmend Fragen, die wir allein mit unserem Wissen und unseren bisher gemachten Erfahrungen nicht beantworten können.

Ob es nun darum geht, wie hoch der Urlaubsanspruch tatsächlich ist, innerhalb welcher Frist ein Rücktrittsrecht vom Vertrag zusteht, in welcher Schule das Kind optimal gefördert werden kann, wie ein an Demenz erkranktes Familienmitglied bestmöglich unterstützt werden kann oder ob sich die geplante Investition in die Firma auch rechnet – die Situationen, in denen Menschen Rat suchen, sind so vielfältig wie individuell wichtig und für den Ratsuchenden bedeutsam!

Ebenso wie einzelne Personen, nützen und brauchen Betriebe, Unternehmen, Vereine oder öffentliche Institutionen die Beratung durch Fachleute, um die richtigen Entscheidungen zu treffen oder kluge Maßnahmen zu setzen.

Menschen brauchen dann ein Gegenüber, das sie versteht, ihr Problem ernst nimmt, sie über ihre Möglichkeiten und Ansprüche informiert und sie eventuell auch aufklärt, ob und wie sie erfolgreich sein können in der Verfolgung ihrer Interessen; kurzum: Menschen brauchen guten fachlichen Rat!

Fachberater und Fachberaterinnen findet man in vielen Einrichtungen: in Verbänden, Kammern, Vereinen, Gerichten, Behörden, sowohl betriebsintern als auch in freien Berufen. Und sie sind in den unterschiedlichsten Fachdisziplinen tätig: Recht, Medizin, Finanzen, Unternehmensführung, Aus- und Weiterbildung, Gesundheit, IT, in der Landwirtschaft, im öffentlichen Sektor usw.

Experten haben ihr Fach sehr gut gelernt – sie sind beispielsweise rechtskundig, technisch oder wirtschaftlich versiert, sozial oder pädagogisch gebildet. Fachberater und Fachberaterinnen brauchen aber in ihrer Arbeit zusätzlich zu ihrer fachlichen Expertise auch soziale, kommunikative und psychologische Kompetenzen – sie brauchen Beratungskompetenz!

Genau das ist Thema dieses Buches: Werkzeuge, Methoden und Psychologie für die Praxis einer kompetenten Fachberatung zu vermitteln. Damit Ihre Fachkompetenz beim Gegenüber als wertvolle Beratung ankommt!

Wirkungsfelder der Fachberatung

1.4 Kompetenzen der Fachberatung

Vom Experten zum erfolgreichen Fachberater

„Das wichtigste Instrument in der Beratung ist die Person des Beraters."
(Salzburger Trainingsmethode Buchacher/Wimmer)

Experten sind Personen mit einer hohen Fachkompetenz. Sie besitzen umfassendes fachliches Wissen und setzen dieses auch gut zur Beantwortung von fachlichen Fragen und zur Lösung praxisbezogener Anwendungsfälle ein. Für Expertisen mag die Fachkompetenz weitgehend genügen – in der Beratung allerdings kommt zur fachlichen Frage noch die menschliche Seite hinzu.

In die Beratung kommen Menschen mit einem fachlichen Anliegen, aber genauso mit ihren Vorüberlegungen, Erwartungen, Hoffnungen, fixen Ideen sowie mit ihren Sorgen, Frustrationen oder Ärgernissen.

Der Ratsuchende will beim Berater in seiner Gesamtheit „ankommen". Umgekehrt braucht es Berater, die neben der fachlichen Seite auch den Menschen und die Situation verstehen, um beim Ratsuchenden zu „landen". Erfolgreiche Fachberater haben *Fachkompetenz* und *Beratungskompetenz*.

Wie lässt sich nun Beratungskompetenz beschreiben und entwickeln?

Die Beratungskompetenz besteht aus einem Bündel von Fähigkeiten („human skills"), die auf Personen, das Zwischenmenschliche, auf Situation und Kontext bezogen sind und der Fachberatung zum Gelingen verhelfen.

Die Beratungsfähigkeiten werden durch drei Bereiche erfasst:

- **Methodische Kompetenz** – Wie steuere ich Beratungsgespräche? Konkrete Werkzeuge – „tools" – und Verlaufsmuster helfen, Ausgangspunkt und Ziel von Beratungen zu klären und geeignete Gesprächswege zu wählen.
- **Soziale Kompetenz** – andere verstehen und verständlich kommunizieren. Hier sind Einfühlungsvermögen, kommunikative Techniken und lösungsorientierte Sprache gefragt. Eine wichtige Fähigkeit ist der Umgang mit Erwartungen (Erwartungsklärung und Enttäuschungsmanagement).

- **Personale Kompetenz** – sich selbst reflektieren und andere einschätzen können. Die eigene Rolle als Berater, die Einstellungen, das Auftreten und die Wirkung nach außen sind Punkte der Auseinandersetzung und Klärung mit sich selbst. Grenzen und Überforderung erkennen ist wichtig, um sich selbst zu schützen. Menschenkenntnis hilft, sich und andere besser zu verstehen und geeignete Vorgehensweisen zu finden.

Diese drei Kompetenzbereiche, in den unterschiedlichen Beratungssituationen intelligent eingesetzt, gehören zu den „human skills" von Fachberatern.

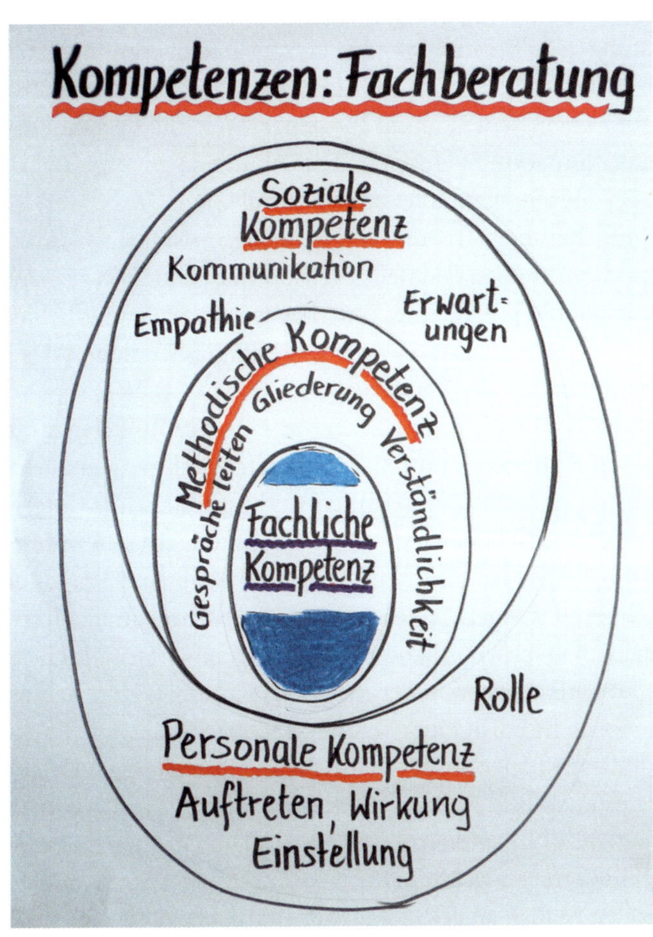

Kompetenzmodell für Fachberater

1.5 Beraten im Kontext

Beraten heißt kommunizieren.

Kommunikation geschieht nie im „luftleeren" Raum, sondern ist immer eingebettet in einen mehrschichtigen „Rahmen". Kommunikation ist kontextbezogen. Kommunikation in der Fachberatung wird daher wesentlich gestaltet vom So-Sein der handelnden Personen *und* dem situativen, organisatorischen, gesellschaftlichen und kulturellen Kontext.

Die Kommunikation wird unmittelbar beeinflusst durch die Situation der Beratung. Jede Beratung ist eine einzigartige Begegnung – die Gestaltung der Kommunikation in der Situation jeweils ein kreativer Akt von Berater und Klient. Jeder kommt aus seiner „Welt" auf den anderen zu und gestaltet die Situation nach seiner Vorstellung davon, was richtig, angemessen, gewünscht, befürchtet oder sinnvoll scheint.

Die Vorgaben der Organisation – der **organisatorisch-funktionelle Kontext** – beeinflussen ebenfalls die Kommunikation zwischen Berater und Klient. So sind z. B. Räume, Zeitvorgaben, Rechte und Pflichten, Werte und Ziele der Organisation Faktoren, die auf das Verhalten des Beraters und auf die Situation der Beratung wirken.

Beratung ist überdies eingebettet in einen **kulturellen und gesellschaftlichen Kontext**. Kulturelle Zugehörigkeiten prägen verschiedene Verhaltensnormen und Beraterinnen sind gefordert, mit Unterschieden umzugehen. Gesellschaften entwickeln und verändern sich zudem permanent. So entstehen laufend neue Unsicherheiten und Fragestellungen. Gesetzliche Änderungen, neue pädagogische Fachmeinungen, technische Neuerungen, wissenschaftliche Entwicklungen, wirtschaftliche Krisen – all diese Ereignisse haben in der Regel Auswirkung auf die beratende Organisation z. B. in Form einer veränderten Nachfrage. Die Organisation muss mit diesen neuen gesellschaftlichen Fragestellungen umgehen und den Beraterinnen und Beratern Zeit und Möglichkeiten geben, ihr Fachwissen laufend zu adaptieren, um den Bedarf und den neuen Fragestellungen Rechnung tragen zu können.

Es spielen freilich auch die Wechselwirkungen zwischen den globalen Wirtschaftsmechanismen und den Gesellschaften, der globale Wettbewerb, gesellschaftliche Probleme eine Rolle. Der **globale Kontext** wirkt sich so vermittelt auch auf die Beratung (siehe z. B. Finanzberatung) aus.

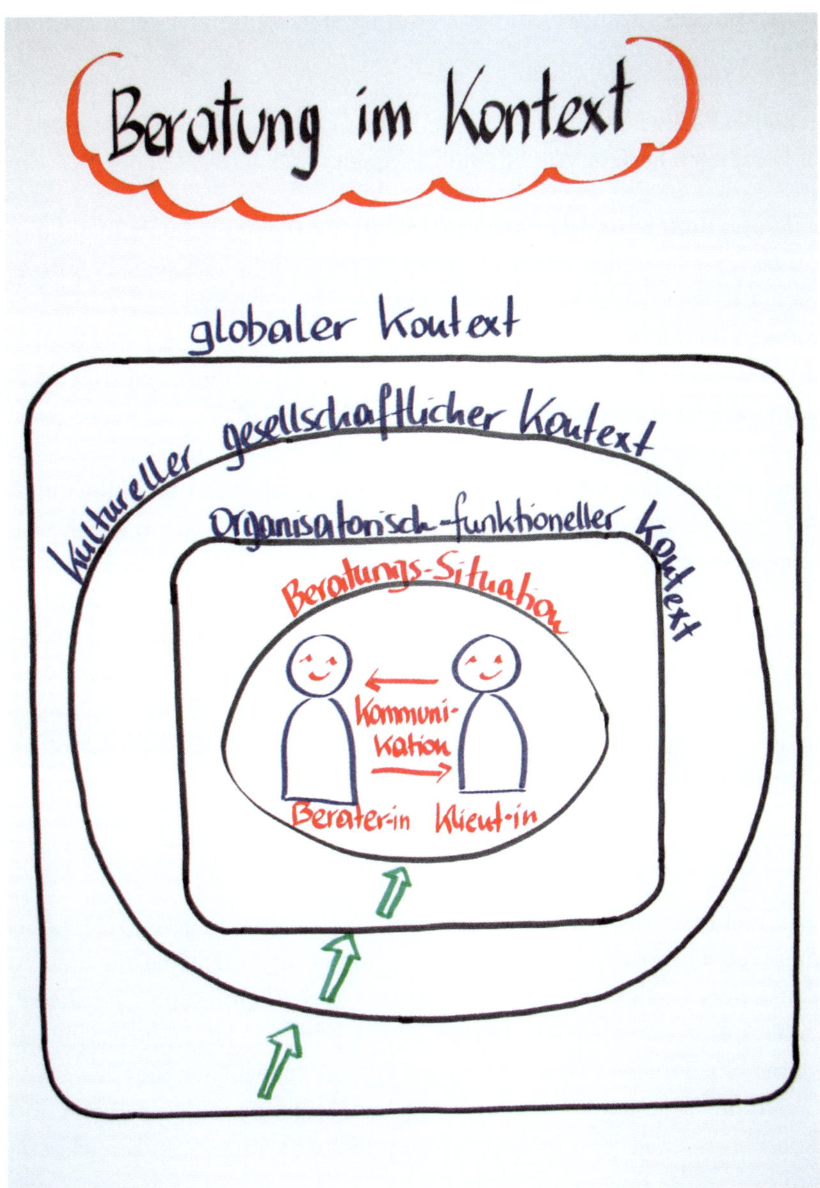

Fachberatung im Kontext

1.6 Fünf-Säulen-Modell der Fachberatung

Professionelles Handeln in der Beratung steht optimalerweise auf fünf Säulen.

1. Säule: Fachwissen: Der Fachberater hat aktuell gehaltenes Fachwissen – er berät nach bestem Wissen und Gewissen.

2. Säule: Rollen- und Funktionsklarheit: Ein Berater kann dann gut und professionell beraten, wenn er eine klare Vorstellung von seinem Auftrag hat. D. h. Berufsbild, Funktion, Umfang der Kompetenzen und Aufgaben müssen definiert sein. Egal, ob freiberuflich oder angestellt – der Berater muss wissen, was er darf und was nicht und was von ihm erwartet wird. Oft sind die Erwartungen unklar oder widersprüchlich. Die eigene Rolle ist zu gestalten in einem Spannungsfeld von Erwartungen der Organisation, des Klienten und der des Beraters an sich selbst. Zur Funktions- und Rollenklarheit gehört auch, dass der Berater seine Grenzen kennt und kompetent an andere Stellen überweist, wenn notwendig.

3. Säule: Theorien und Modelle: Fundierte Beratung bezieht sich explizit auf Theorien und Verständnismodelle. Dazu gehören Welt- und Menschenbild genauso wie Kenntnisse über Wahrnehmung und Kommunikation, ein psychologisches Grundverständnis und Menschenkenntnis. Theorie und Methode der Beratung, Wissen über Konfliktdynamiken und menschliche Motive und viele weitere Modelle und Theorien sollen das Verständnis für den Prozess der Beratung untermauern.

4. Säule: Instrumente und Techniken: Beratung ist ein gesteuerter kommunikativer Prozess. Zur erfolgreichen Gestaltung und Steuerung braucht der Berater Fertigkeiten, Instrumente und Techniken: Kontakt herstellen, ins Gespräch kommen, Beobachten und Hypothesen bilden, Erwartungen klären, Struktur und Orientierung geben, mit den eigenen und den Emotionen des Klienten konstruktiv umgehen, Situationen deeskalieren und Konflikte managen. Dazu kommen Gesprächsführungstechniken wie z. B. professionelles Fragen und Zuhören, Aktiv Zuhören, Informieren, Fachwissen verständlich „Übersetzen“, Visualisieren.

5. Säule: Selbstreflexion: Für den Berater ist Selbstreflexion unerlässlich. Das eigene Tun und dessen Wirkung wahrzunehmen ist ebenso wichtig, wie persönliche Ziele und Werte zu reflektieren und sich der Ressourcen und Grenzen bewusst zu sein. Um gut beraten zu können, sollte der Berater eigene Verhaltensmuster – auch in Stresssituationen – kennen. Kollegiales Feedback und Selbstevaluierung können helfen, eigenen Bedarf an Weiterbildung zu erkennen.

Fünf-Säulen-Modell der Fachberatung

1.7 Beratung als Vertrag

Rechte und Pflichten

Rat und Auskunft erbeten und gegeben wird im alltäglichen Leben laufend. Wir fragen nach einer Adresse, nach dem Weg, hätten gerne einen freundschaftlichen Rat etc. Dies sind Interaktionen mit der üblichen zwischenmenschlichen Verantwortung.

In der professionellen Fachberatung ist das anders. Es entsteht neben einer verantwortungsvollen Beziehung auch ein rechtliches Vertragsverhältnis*:

- Bei freiberuflichen Beratern wie z. B. Anwälten, Notaren und Steuerberatern, also Beratern, die in eigener Praxis arbeiten, entsteht direkt mit dem Klienten ein Vertrag.
- Bei Organisationen hingegen entsteht rechtlich ein Dreiecksverhältnis. Bei einem Verein beispielsweise, der Beratung für seine Mitglieder anbietet, erbringt der vom Verein beauftragte Berater die Leistung.

Pflichten des Fachberaters – Rechte des Klienten

Ein Fachberater darf keine Beratung übernehmen, für die seine Kenntnisse und Erfahrungen nicht ausreichen. Tut er dies dennoch, kann er zur Verantwortung gezogen werden, weil er sich trotz mangelnder Fähigkeit auf die Beratung eingelassen hat. Außerdem sollte jemand, der sich zur Kunst der Fachberatung öffentlich bekennt, erkennen lassen, dass er sich die *sorgfältige* Ausführung auch zutraut. Maßstab ist nicht die Sorgfalt eines Durchschnittsmenschen, sondern der (objektive) Leistungsstandard der betreffenden Berufsgruppe. Ein Fachberater haftet überdies für einen fahrlässig erteilten nachteiligen Rat. Organisationen müssen sich das Verhalten jener Personen zurechnen lassen, die sie mit der Durchführung der Beratung beauftragt haben.

---

* Wir beziehen uns hier auf österreichisches Recht.

Pflichten des Klienten – Rechte des Fachberaters

Der Klient hat eine Mitwirkungspflicht – er muss dem Berater die entsprechenden Informationen geben, damit dieser ihn auch bestmöglich beraten kann. Der Klient hat auch die Pflicht, für die Beratungsleistung zu bezahlen (außer, die Leistung ist ein Service für Mitglieder oder unentgeltlich).

In der Beratungsbeziehung und aus dem Beratungsvertrag entsteht eine besondere Verantwortung. Über die Grundsätze ordnungsgemäßer Beratung und die möglichen Rechtsfolgen der Fachberatung Bescheid zu wissen, ist für Organisationen und den einzelnen Berater gleichermaßen wichtig. Eine Haftpflichtversicherung, wie sie in vielen Berufsgruppen selbstverständlich ist, ersetzt die Notwendigkeit der Auseinandersetzung mit der rechtlichen Verantwortung nicht.

Fachberatung als Vertrag

1.8 Mein Fall – ein Fall

Die Logiken in der Beratung

Die verschiedenen Rollen von Berater und Klient bedingen auch verschiedene Logiken: Für den Klienten in der Fachberatung ist seine Situation grundsätzlich eine besondere, eine, die von Hoffnung und Interesse geleitet ist. Für ihn ist es jedenfalls „MEIN Fall" und von besonderer Wichtigkeit, meist auch Dringlichkeit. Für den Berater hingegen ist es „EIN Fall" – eine Situation von vielen – und er ist bestrebt, alle Situationen neutral und gleich korrekt zu behandeln.

- Der Berater ist in einer Position des Wissenden. Er kennt sich aus, ist bezüglich des zu besprechenden Problems in einer sicheren Position.
- Der Klient hingegen ist in einer Situation, in der er etwas nicht weiß oder kann. Es gibt ein situatives Nichtwissen, das für den Klienten beunruhigend und verunsichernd ist, sonst würde er nicht in die Beratung gehen.
- Der Berater fokussiert auf Sachlichkeit und Objektivität. Er versucht das Allgemeine in diesem besonderen Fall zu sehen. Er versucht das Relevante für die Feststellung des Sachverhaltes herauszufinden.
- Der Klient möchte auch Zeit für sein Problem, er will die Gefühle, die damit verbunden sind, loswerden und letztlich natürlich eine Lösung im eigenen Sinn erreichen.
- Der Berater hingegen ist eher ziel- und ressourcenorientiert. Er hat aufgrund seiner Erfahrung und seiner Fachkenntnis relativ schnell einen Eindruck davon, was sachlich möglich ist und was nicht.

Die Logik des Klienten passt mit der Logik des Beraters nicht zusammen. Daraus ergeben sich in der Situation Spannungsfelder. Es ist wichtig, dass dem Berater dies bewusst ist. Dadurch ergibt sich für ihn die Chance, *mit* der Logik und nicht *gegen* die Logik des Klienten zu beraten!

Logiken in der Beratung

Ein Fall

Mein Fall

Unterschiedliche Logiken in der Beratung

1.9 Was heißt Erfolg in der Fachberatung?

Wenn man über Erfolg in der Beratung spricht, stellen sich sofort die Fragen: „Erfolg für wen?“ und „Wer definiert den Erfolg in der Beratung?“ Man kommt schnell zur Einsicht, dass es kein einheitliches Erfolgsbild in der Beratung geben kann. Beratende Institution, Berater und Klient haben in der Regel unterschiedliche Vorstellungen von Erfolg:

- **Institutionen** haben oft das Interesse, für ihre Mitglieder eine bestimmte Serviceleistung zu erbringen und so Ansehen und Image zu gewinnen. Das heißt, die Institution will eine möglichst reibungslose Beratung, bei der die Klientinnen und Klienten rasch das bekommen, was sie brauchen, und zufrieden sind. Gelingt das, so ist für die Organisation die Beratung erfolgreich.
- Für den **Berater** ist die Beratung vielleicht dann erfolgreich, wenn er fachlich richtig informiert hat. Was für den Berater fachlich richtig ist, muss aber nicht das sein, was der Klient hören will!
- Für den **Klienten** ist die Beratung dann erfolgreich, wenn er das bekommt, was er braucht. Dabei sind auch viele Erwartungen und Hoffnungen mit im Spiel, die auch bei fachlich guter Beratung enttäuscht werden können. Grundsätzlich ist der Erfolg auch abhängig von der Art des Anliegens:
  - Wenn der Klient etwas nicht weiß, dann ist für ihn die Beratung wahrscheinlich erfolgreich, wenn er das nachgefragte Wissen und damit Klarheit und Sicherheit erhält.
  - Kommt der Klient in einer Situation, in der ihm auch prozedurales Wissen fehlt – er z. B. nicht weiß, wie er zu einer ihm zustehenden Beihilfe gelangt –, ist für ihn die Beratung erfolgreich, wenn er dies erfährt.
  - Es kommt aber auch vor, dass die Fachberatung wegen eines Konflikts aufgesucht wird. Für den Klienten besteht der Erfolg in diesem Fall darin, eine Idee zu bekommen, was ihm zusteht und wie er es schafft, den Konflikt gut zu meistern und seine Interessen durchzusetzen.
  - Manchmal kommt ein Klient, weil in seinem Leben etwas passiert ist, das ihn ins Wanken bringt. Er wird z. B. im Rahmen eines Kon-

kurses plötzlich damit konfrontiert, dass sein Arbeitsplatz wegfällt. In so einem Fall will der Klient vom Fachberater nicht nur wissen, was ihm in dieser Situation zusteht und wie er dazu kommt, sondern auch, wie er wieder Stabilität erhält, um entscheiden und handeln zu können.

Es gibt also bei Institution, Berater und Klient aufgrund der unterschiedlichen Erwartungen unterschiedliche Beurteilungen von Erfolg. Daraus können natürlich Spannungsfelder entstehen. Beraterinnen und Berater können mit diesen Unterschieden gut arbeiten – wenn sie ihnen bewusst sind.

Unterschiedliche Erfolgskriterien

1.10 Die sieben Aufgaben des Fachberaters

1. Fachwissen haben und aktuell halten

In allen Fachbereichen „veraltet" Wissen. Um nach den Regeln der Kunst beraten zu können, müssen Fachberater ihr Wissen permanent auf dem neuesten Stand halten. Das braucht Zeit!

2. Beratungssituation gestalten

Auf Menschen zugehen, Kontakt herstellen und ein wertschätzend vertrauensvolles Klima schaffen zu können ist die Basis jeder Beratung.

3. Beratungsprozess steuern

Professionelle Gesprächsführung, strukturieren, ressourcen-, ziel- und lösungsorientiert vorgehen: Nur mit kompetenter Steuerung des Beratungsprozesses kommt man zum bestmöglichen Ergebnis!

4. Kommunikationstools einsetzen

Fragestellungen, Anliegen und Probleme erfragen, ordnen und auf den Punkt bringen, Emotionen wahrnehmen und respektieren ist ebenso wichtig, wie verständlich zu informieren. Fachwissen klientengerecht zu „übersetzen" ist eine hohe Kunst!

5. Lebensrealitäten erfassen

Situation und Handeln im Kontext zu erfassen und sich in Lebenssituationen hineinversetzen wollen und können ist die Voraussetzung für Verständnis und Verständigung.

6. Kooperieren und Konfrontieren

Die Mitarbeit des Klienten zu erreichen, kollegiale Zusammenarbeit sowie unterstützende Netzwerke zu pflegen garantiert beste Beratungsergebnisse und hilfreiche Überweisungen. Berater sind auch „Anwälte der Realität" – sie müssen demnach auch konfrontieren!

7. Sich selbst kennen und für sich sorgen

Berater sind immer als ganze Menschen gefordert – eigene Verhaltensmuster reflektieren, Belastungen wahrnehmen und frühzeitig für sich zu sorgen erhält die Freude am Beraten!

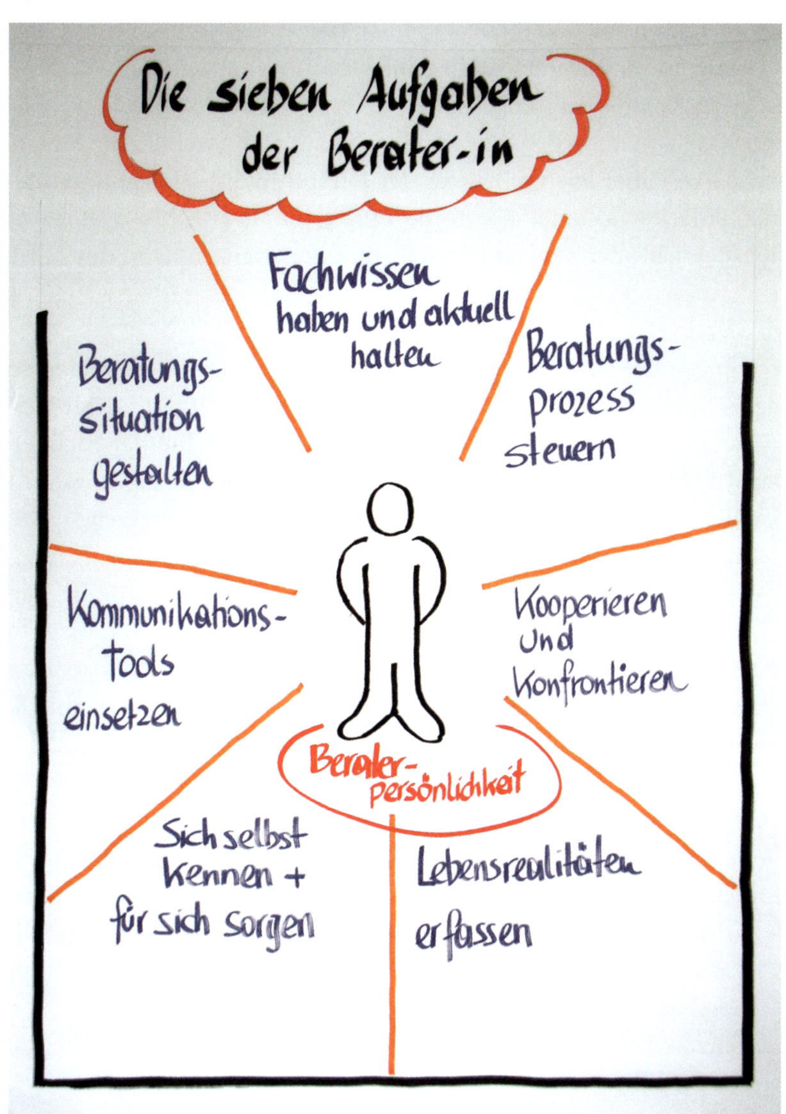

Die sieben Aufgaben des Fachberaters

1.11 Grenzen in der Beratung

Auch in der Fachberatung wird selbst der gut ausgebildete Berater früher oder später mit Grenzen konfrontiert. Diese begegnen ihm in unterschiedlicher Form:

Grenzen des Beraters sind Grenzen, die in ihm selbst liegen. Sei es, dass er an Kompetenzgrenzen stößt, weil sein Fachwissen nicht ausreicht oder er nicht mehr in der Lage ist, eine Situation kommunikativ zu gestalten. Es kann aber auch sein, dass der Berater in Situationen kommt, in denen er sich emotionell überfordert fühlt, indem er z. B. Angst, Betroffenheit, Ärger oder Ekel empfindet. An seine Grenzen kann der Berater auch kommen, wenn ein unüberbrückbarer Werte- oder Ideologiekonflikt zwischen ihm und dem Klienten besteht.

Grenzen der Beratung ergeben sich einerseits aus der Methode Beratung und andererseits daraus, wie Fachberatung definiert ist. Sind z. B. Interventionen und die Einholung von Information Teil der Fachberatung? Ist das Ausfüllen von Anträgen für den Klienten dazugehörend? Ist es ok, Entscheidungshilfe zu geben? In Konflikten intervenieren – gehört das dazu?

Von der Organisation vorgegebene Grenzen: Grenzen in der Beratung werden auch von der Organisation vorgegeben. Das sind nicht nur Vorgaben dahingehend, wie lange man für einen Klienten Zeit haben darf oder wo die Beratung stattfindet, sondern es ist vorgegeben, wie inhaltlich beraten werden soll und wie weit die Beratung gehen darf. Was muss ich tun, was kann ich darüber hinaus machen und was auf keinen Fall?

Grenzen des Klienten: Grenzen, mit denen der Berater konfrontiert sein kann, finden sich auch aufseiten des Klienten. Das ist z. B. der Fall, wenn ein Klient sich nicht verständlich machen kann oder Schwierigkeiten hat, Inhalte zu verstehen. Oder der Klient ist in einem emotionellen Zustand, der Fachberatung verunmöglicht, weil er in der gegenwärtigen Situation gar nichts aufnehmen kann.

Grenzen durch gesetzliche Regelungen: Beratung muss sich im Rahmen der gesetzlichen Regelungen bewegen. Das bedeutet, dass diese Grenzen auch vermittelt werden müssen – auch wenn sie als ungerecht erlebt werden. Das Ausschöpfen von Kulanzregelungen bleibt davon unberührt.

Grenzen und Alternativen

1.12 Überweisungskompetenz ist gefragt

Niemand weiß alles!

Fachberatung ist eine Form von Spezialisierung. Um als Fachberater zu arbeiten, braucht der Berater Expertise in einem bestimmten Bereich – und Beratungskompetenz.

Nicht alle Wechselfälle des Lebens und die daraus entstehenden Fragestellungen der Klienten passen genau zum jeweiligen Fachwissen des Beraters. Oft ist es für Klienten auch nicht gleich ersichtlich, mit welchem Anliegen sie zu welchem Berater gehen können.

Es stellt sich so häufig erst im Beratungsgespräch heraus, dass die Fragestellung die Mithilfe anderer Experten verlangt. Sei es, dass die Fachexpertise einer Erweiterung oder Ergänzung bedarf, sei es, dass Hilfe aus dem psychosozialen Feld gebraucht wird. In diesen Fällen benötigt der Fachberater Überweisungskompetenz, wozu nicht nur gehört, den Klienten weiterzuschicken.

Zur **Überweisungskompetenz** gehört vielmehr:

- Die **Haltung**. Der Berater weiß, dass er nicht alles weiß! Sein Fokus ist, den Klienten bestmöglich zu unterstützen und ihm dabei zu helfen, eine für sein Anliegen kompetente Beratung zu finden.
- Das **Wissen**, wohin er überweisen kann. Fachberaterinnen und Berater müssen sich nicht nur im eigenen Fach weiterbilden, sondern auch wissen, was es an angrenzenden Fragestellungen gibt und welche Beratungseinrichtungen dafür hilfreich sein können.
- Die **Kooperationsbereitschaft**. Die Einsicht „Niemand weiß alles" ermutigt und erleichtert es auch, im Engagement für den Klienten zu kooperieren und einander kollegial zu unterstützen.
- Die **wertschätzende Kommunikation**, im Rahmen derer der Berater vermittelt, dass der Klient und sein Anliegen ok sind, und in der erklärt wird, wer warum für dieses spezielle Anliegen hilfreicher sein kann.

Überweisungskompetenz

Kapitel 2

Psychologische Aspekte der Beratung

Psychologische Erkenntnisse sind Ausgangspunkt und Grundlage von Persönlichkeitstheorien, von Kommunikationsmodellen und von Gesprächstechniken. Darüber hinaus ermöglichen sie das Verstehen von Emotionen, Verhaltensweisen und Entscheidungsprozessen des Menschen. So wird verständlich, dass die Kenntnis einiger wesentlicher psychologischer Aspekte des Beratungsgeschehens nicht nur notwendig, sondern auch hilfreich ist.

2.1 Braucht die Fachberatung Psychologie?

Vielleicht wundern Sie sich zunächst über diese Frage, weil Sie meinen, dass Fachauskünfte und Informationen „lege artis" geben zu können zwar eine Menge an spezifischem Fachwissen voraussetzt, aber doch keine Psychologie.

Nach kurzem Innehalten wird jedoch klar, dass gute Beratung – wie wir sie verstehen – bereits zu Beginn Psychologie braucht und zwar viel: Sie wollen ja ein wertschätzendes Beratungsklima herstellen, das dem Klienten die notwendige vertrauensvolle Kooperation ermöglicht. Denn der Klient kommt selten mit einer nur „akademischen" Frage. Er kommt mit dem, was passiert ist, einer Situation samt Auswirkungen und seinem Erleben: Er ist mehr oder weniger betroffen und hat Fragen. Es geht um die inhärente Unsicherheit des situativen Nichtwissens, um Ängste, um Gefühle von Bedrohung oder andere Emotionen. Dies müssen Sie als Berater erkennen, um das Problem des Klienten in der vollen Tragweite zu verstehen und damit gut umzugehen.

Und dazu brauchen Fachberaterinnen und -berater psychologisches Verständnis!

Über das eben Gesagte hinaus gibt es noch weitere **Aspekte**, die psychologisches Verständnis unverzichtbar machen:

- Verstehen- und Helfenwollen bedeutet auch, Klienten beim Formulieren ihrer Anliegen zu unterstützen, Fachwissen verständlich weiterzugeben und sich im Interesse der Klienten einzusetzen.
- Psychologie ist die Basis der Skills und Tools, mit denen Sie in der Beratung arbeiten. Kommunikationsmodelle, Fragetechnik etc. basieren auf einem psychologischen Grundverständnis des Menschen.
- Außerdem: Um auf Dauer gut beraten zu können, brauchen Berater auch eine reflexive Distanz zu ihrem Tun. Um zu verstehen, warum Sie so tun, wie Sie tun, und was eine Situation in Ihnen bewirkt, und um zu wissen, wie Sie sich entlasten können, sind psychologische Modelle und Menschenkenntnis notwendig und hilfreich.

Eine gute Balance zwischen Psychologie und Fachwissen

2.2 Menschenbilder

Der Mensch ist keine (triviale) Maschine.

Jeder Berater hat eine private Theorie über den Menschen. Wie würden Sie Ihr Bild vom Menschen beschreiben?

Unsere Vorstellung vom Menschen, unser Menschenbild, dient, vereinfacht gesagt, dazu, das Wesen und die „Funktionsweise" des Menschen zu verstehen.

Ein Menschenbild, das Kommunikationsprozesse gut beschreiben kann und daher auch für die Beratung eine passende Grundlage bildet, ist das des Physikers und Philosophen Heinz von Foerster, der den Menschen als „nicht-triviale Maschine" bezeichnet. Mit diesem Bild beschreibt Heinz von Foerster die Komplexität und Unberechenbarkeit des menschlichen Verhaltens, was den Menschen von einer berechenbaren, trivialen Maschine unterscheidet.

Triviale Maschinen reagieren in der Regel auf gleiche Inputs (x) mit gleichen Outputs (y). Als Beispiel dient hier meist der Getränkeautomat. Wirft man eine Münze hinein und drückt den Knopf, so kommt ein Getränk heraus. Wenn der Automat nicht defekt ist, wird das immer so ablaufen.

Bei nicht-trivialen Maschinen (wie z. B. soziale Systeme und Menschen) hingegen ist nicht auf gleiche Weise mit einer vorhersehbaren Reaktion zu rechnen. Auf einen gleichen Input wird nicht immer der gleiche Output erfolgen. Der Output ist von vielen weiteren Faktoren abhängig: etwa vom Zeitpunkt, zu dem der Input erfolgt, bzw. von einer Vielzahl verschiedener innerer Zustände. Nicht-triviale Maschinen, Menschen, sind daher nicht von außen steuerbar und müssen als autonom angesehen werden. Sie „funktionieren" nach ihrem EIGEN-SINN, sind spontan und kreativ.

Was heißt das für die Beratung?

Mit einem fixen Beratungsstil kommen Sie nicht durch! Beratung braucht situative Flexibilität – denn jeder Klient nimmt das, was Sie sagen, nach seinem Eigensinn auf. Darauf sollten Sie sich als Berater einstellen! (siehe Kapitel 4)

Literatur:

Heinz v. Foerster: Wissen und Gewissen. Versuch einer Brücke. Frankfurt 1993

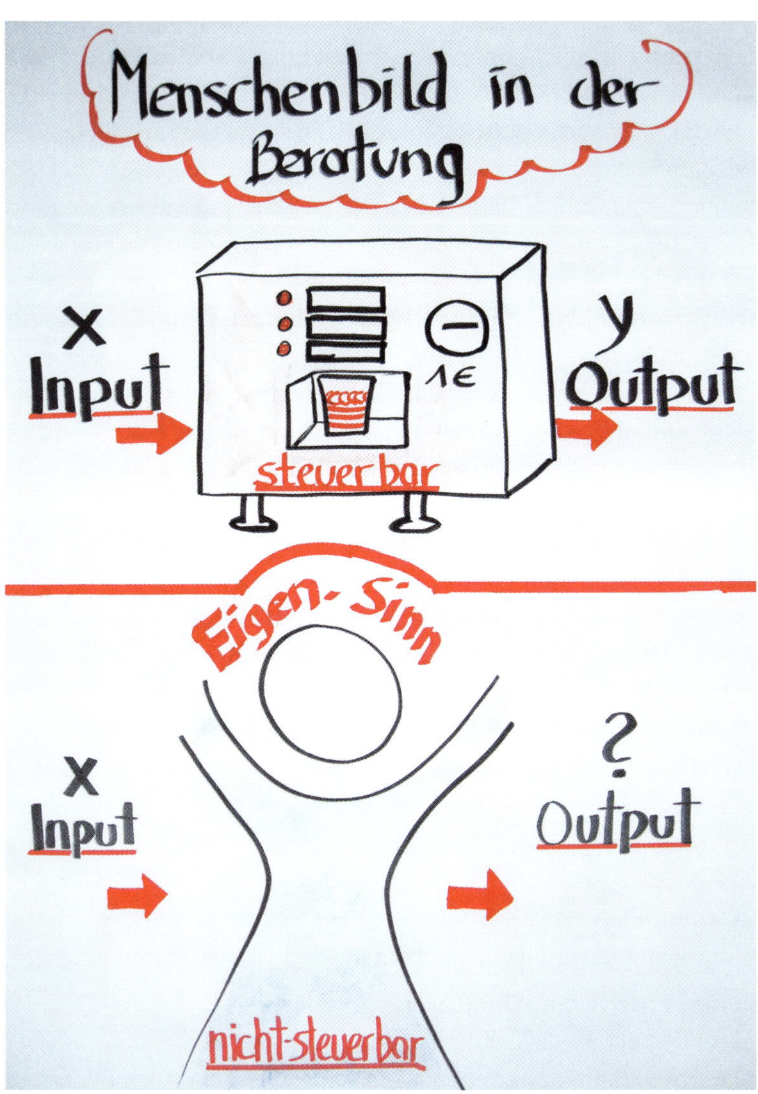

Der Mensch ist keine triviale Maschine.

2.3 Das Kommunikationsmodell

„Wer als Werkzeug nur einen Hammer hat,
sieht in jedem Problem einen Nagel."
(Paul Watzlawick)

Was passiert eigentlich, wenn Sie ein Beratungsgespräch führen? Ja, Sie kommunizieren mit Menschen. Und worüber? Über die Wirklichkeit! Da die Wirklichkeit aber viel zu komplex ist, um sie im Gesamten erfassen zu können, müssen wir Menschen, um überleben zu können, lernen, Unterscheidungen zu treffen. Wir erleben die Welt hell oder dunkel, laut oder leise, gefährlich oder harmlos, als angenehm oder unangenehm, wichtig oder unwichtig. Wir *unterscheiden* aufgrund von Zielen, Motiven, Interessen, Erfahrungen, Vorurteilen, Aufgaben, konkreten Möglichkeiten und Situationen.

Jeder Mensch *nimmt* demnach die Welt mit „eigenen Augen" *wahr* – bewusst und unbewusst richten wir einen Scheinwerfer auf jene Aspekte der Wirklichkeit, die uns in einer bestimmten Situation als relevant erscheinen. Wir wählen aus!

Und wir *verknüpfen* das Ausgewählte mit unseren Erfahrungen, persönlichen Eigenheiten, Gewohnheiten, Wertorientierungen – unserer „Landkarte". So hat der Wirklichkeitsausschnitt bei jedem Menschen eine andere Wirkung. Die Welt wird unterschiedlich interpretiert, verstanden, erlebt. Wirklichkeit ist eine subjektive Konstruktion!

Unsere Handlungen setzen wir entsprechend unserer Wirklichkeitskonstruktionen. Wer das Bild hat: „Klienten sind Schlawiner", wird sich ihnen gegenüber anders verhalten als jemand, der Klienten für seriös hält.

Im Kommunikationsprozess gilt daher: Unser soziales *Verhalten* wird davon gesteuert, was wir voneinander *halten.*

Kommunikation ist ein Austausch von subjektiven Bildern über die Wirklichkeit und wird dann als effizient erlebt, wenn es gelingt,

- das eigene Bild der Wirklichkeit mitzuteilen,
- das Bild der Wirklichkeit des anderen zu erfahren,
- die Übereinstimmungen bzw. Unterschiede zwischen den Bildern und der Wirklichkeit zu erkennen.

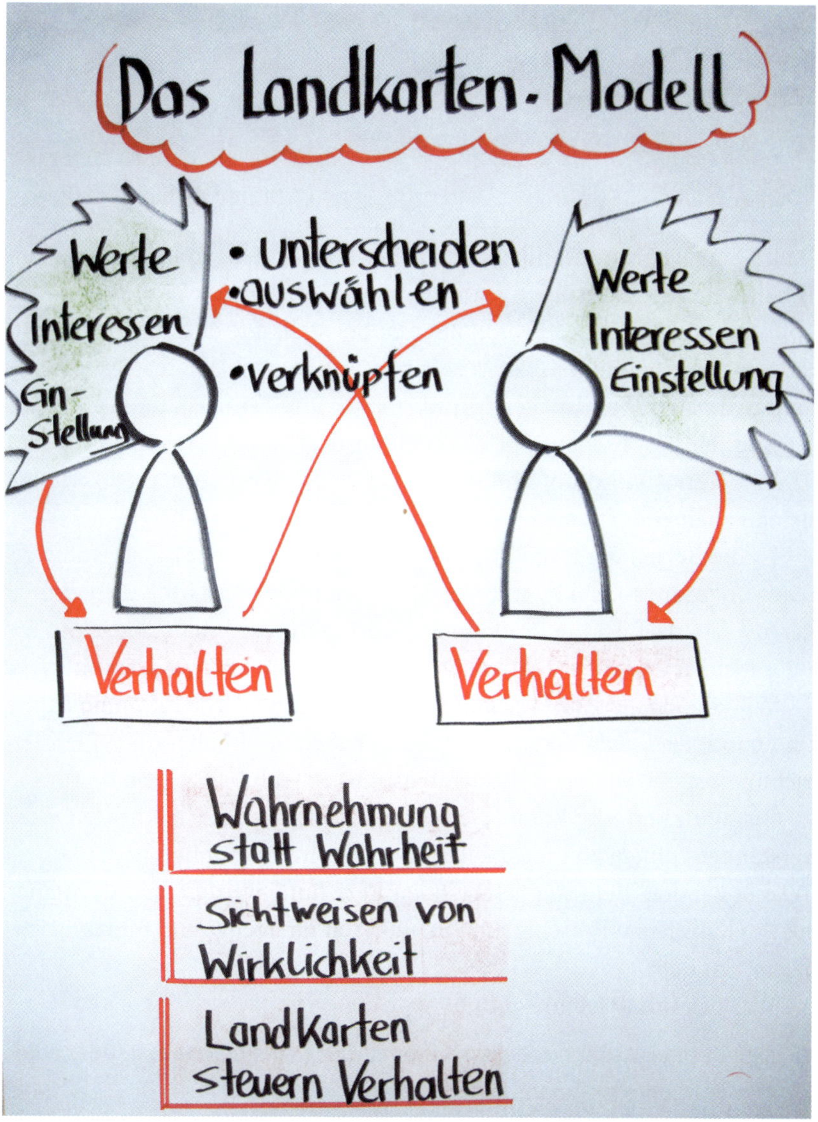

Kommunikation verstehen mit dem Landkartenmodell

2.4 Inhalt und Beziehung in der Fachberatung

Was Beziehung fördert

„Man sieht nur mit dem Herzen gut."
(Antoine de Saint-Exupéry)

Wenn Sie zwei Kommunikationspartner beobachten, so können Sie den Inhalt von deren Gespräch wahrnehmen. Das ist das, was sie sagen. Sie könnten den Inhalt mitprotokollieren. Sie stellen aber auch gleich fest, dass da mehr dahintersteckt: Wie wird etwas gesagt? Wie reagiert der/die andere darauf? Was drücken Mimik, Gestik und Körperhaltung aus?

Bildlich gesprochen gibt es oberhalb der Tischfläche ein offizielles Thema (Inhalt) und unterhalb der Tischfläche wird verhandelt, wie die beiden zueinander stehen (Beziehung).

Ist die Beziehung tragfähig und gut, so wird mit dem Inhalt wohlwollend umgegangen. Da kann es leicht vorkommen, dass fünf auch einmal gerade sein darf. Ist die Beziehung gestört, wird der Inhalt abgelehnt, für unbrauchbar erklärt, es wird scharf dagegen argumentiert oder Ähnliches.

Wir können mit Paul Watzlawick zusammenfassen: Jede Kommunikation und damit auch jede Beratungssituation hat einen Inhalts- und einen Beziehungsaspekt, wobei der Beziehungsaspekt den Inhaltsaspekt bestimmt.

Bei neutraler oder kühler Beziehungsebene, wenn sich Klienten nicht verstanden fühlen, können die dargebotenen Informationen bestenfalls zu Wissen werden. Bei einer gelingenden Beziehung werden die Informationen zu hilfreichen Botschaften. Ein guter Rat überzeugt und führt zu richtigem Handeln.

Was der **Inhaltsebene** guttut:

- Der Berater ist pünktlich, vorbereitet und drückt sich verständlich aus (Wesentliches prägnant gegliedert).
- Er erklärt in angemessener Einfachheit, macht Skizzen und hält den Klienten am Laufenden.

Was die **Beziehungsebene** fördert:

- Die Gesprächssituation ist angenehm.
- Der Berater nimmt sich Zeit.

- Das Gespräch verläuft ungestört, enthält eventuell Pausen.
- Der Berater hält Blickkontakt und
- wahrt ein angemessenes Sprachniveau.
- Er nimmt Befindlichkeit des Klienten wahr, versteht dessen Anliegen, ist geduldig und strahlt Zuversicht aus.

In einer guten Beratungssituation werden dem Fachberater folgende Qualitäten zugeschrieben: Verlässlichkeit, Verständlichkeit, Kompetenz, Durchsetzungsvermögen, Verständnis für das Anliegen des Klienten, Schutz des Klienten und Aufrichtigkeit.

Literatur: Paul Watzlawick u. a.: Menschliche Kommunikation. Formen, Störungen, Paradoxien. Bern 2000

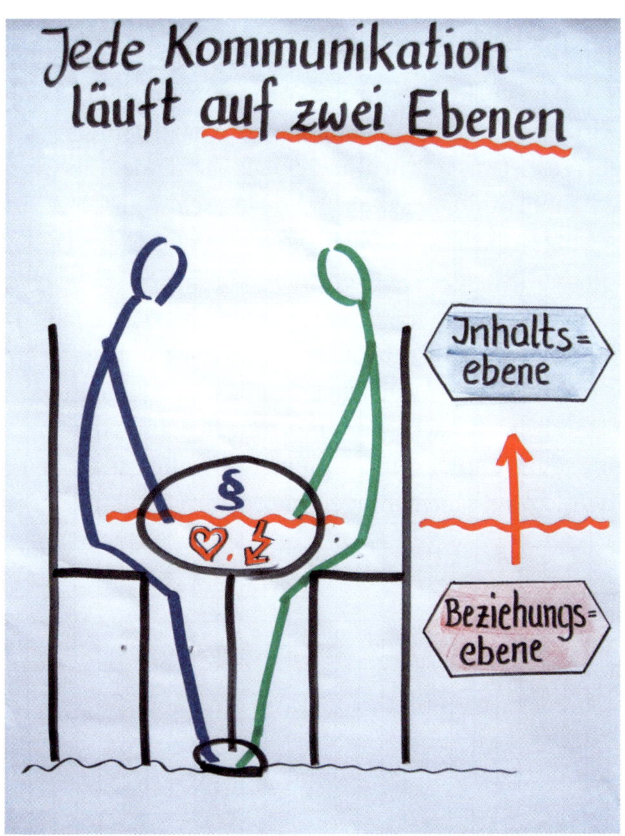

Die Beziehungsebene steuert die Inhaltsebene.

2.5 Das Inselmodell der Kommunikation

Aber der Fachberater hat gesagt … – Kommunikativ lebt jeder auf einer eigenen Insel.

„Man hört oft nur, was man hören will!"

In unseren Seminaren beginnen wir dieses Thema gerne mit einer Übung:

Zwei Personen betrachten eine Zeichnung. Danach berichten sie getrennt voneinander, was sie gesehen haben. Was kommt heraus? – Sie vermuten richtig: zwei unterschiedliche Berichte.

Wie kommt das zustande?

Jede Wahrnehmung ist subjektiv gefärbt. Je nach Bedeutung für uns werden Teile der Information behalten, weggelassen, verändert oder ergänzt. Was eigenen Erwartungen, Wünschen und Befürchtungen entspricht, wird bevorzugt wahrgenommen, was widerspricht, wird oft ausgeblendet. Wird etwas nur bruchstückhaft verstanden, so wird es gemäß subjektiven Sinnstiftungen ergänzt und „logisch" gemacht.

Außer ganz einfachen Wirklichkeiten erster Ordnung (z. B.: In diesem Raum befinden sich jetzt zwei Personen) können Menschen Sachverhalte nicht objektiv wahrnehmen. Was also jemand hört oder sieht, z. B. in einem Beratungsgespräch, wird subjektiv zurechtgelegt und interpretiert. Die Kommunikationspsychologie lehrt uns, dass jeder Mensch die ihn umgebende Wirklichkeit nach seiner individuellen „inneren Landkarte" betrachtet und aufgrund dessen auch unterschiedlich sieht. So können wir sagen: Jede/r lebt auf seiner/ihrer eigenen Insel! (Inselmodell der Kommunikation)

Literatur:

Michael Birkenbihl: Train the Trainer. München 1980

Oben: Original-Bild – Unten: Unterschiede und Veränderungen auf dem Weg vom Wahrnehmen des Originals, der Wiedergabe des Gesehenen, der Weitergabe des Gehörten zum neuerlichen Übertragen in ein Bild

Die innere Landkarte bzw. eigene Insel ist das Ergebnis von Erziehung, von Lebenserfahrung, der Umgebung, in der man lebt und arbeitet, und den eigenen Vorstellungen, Werten, Zielen, Befürchtungen, Richtigkeiten usw.

Die **eigene Insel**, beim Berater wie beim Klienten, ist geprägt von:

- einer eigenen Sprache und subjektiven Begriffsverwendung,
- einer eigenen inneren Logik für Abläufe,
- unterschiedlichen Voraussetzungen (für die eine Person ist etwas so sonnenklar, dass es erst gar nicht gesagt werden muss),
- eigenen Vorstellungen von der richtigen Zeitdauer,
- angeblich selbstverständlichen Abkürzungen
- usw.

Wenn Klienten nicht nur ein sachliches Anliegen haben, sondern durch die Umstände emotional stark erregt sind, wird die Wahrnehmung sehr eingeengt („Tunnelblick") und die Interpretation sehr subjektiv (bis zur fixen Idee): Ich habe Recht! Der andere ist schuld!

Folgerungen für die Beratungssituation: Wenn es gelingt, den Klienten auf seiner Insel zu besuchen (seine Sicht und seine Emotion nachzuvollziehen), entsteht Verständnis. Der Fachberater versteht also, wie der Klient denkt und fühlt. Das ist die Basis für die Weiterarbeit an Lösungen auf der Sachebene.

Literatur:

Fritjof Haft: Verhandlung und Mediation. Die Alternative zum Rechtsstreit. München 2000

Inselmodell der Kommunikation

2.6 Ich bin ok – du bist ok

Die Grundhaltung sich selbst und anderen gegenüber

Haben Sie das schon einmal selbst erlebt? In manchen Gesprächen hat man das Gefühl, akzeptiert zu werden, seine Gedanken entfalten zu können und konstruktiv an Lösungen mitzuwirken. In anderen wiederum geht man intuitiv auf Distanz, hat anschließend einen schalen Nachgeschmack, fast fröstelt es einen. Und man kann gar keinen konkreten Grund dafür nennen.

Vermutlich liegt das an der inneren *Grundhaltung* unseres Gesprächspartners uns gegenüber, an seiner *Ausstrahlung*, die oft wirksamer ist als der Gesprächsinhalt. Die Grundeinstellung Menschen gegenüber ist oft die Ursache für Missverständnisse und die Tatsache, nicht anzukommen.

Mit dem **„Okay-Corral"** hat Thomas Harris in den Siebziger Jahren des vorigen Jahrhunderts ein ebenso einfaches wie hilfreiches Modell weltweit bekannt gemacht. Das Modell unterscheidet **vier Grundeinstellungen** zu sich selbst und anderen:

- **Ich bin o.k. – du bist o.k.**
  Wer diese Grundeinstellung einnimmt, akzeptiert sich selbst und andere, geht gelassen mit Problemen um und setzt sich flexibel und konstruktiv mit Menschen auseinander.
- **Ich bin o.k. – du bist nicht o.k.**
  In dieser Grundeinstellung sind Selbstzweifel selten, man fühlt sich stark und überlegen und verhält sich oft arrogant, überlegen bis überheblich, helfend von oben herab, der andere wird als unterlegen angesehen.
- **Ich bin nicht o.k. – du bist o.k.**
  Wer diese Haltung einnimmt, traut sich selbst nichts zu, verhält sich fragend, vorsichtig, zögernd, unsicher und gehemmt.
- **Ich bin nicht o.k. – du bist nicht o.k.**
  Diese Grundposition des Misstrauens führt zu Mutlosigkeit, Depression oder Zynismus.

Dieses Modell klingt fast ein wenig banal, macht aber deutlich, dass es darum geht, die eigene Grundhaltung im Beratungsgespräch zu überprüfen.

„Ich bin o.k. – du bist o.k." ist die beste Grundlage jeder Form von Gesprächsführung und eröffnet konstruktive Lösungen.

Literatur:

Thomas Harris: Ich bin o.k. – Du bist o.k.: Wie wir uns selbst besser verstehen und unsere Einstellung zu anderen verändern können. Eine Einführung in die Transaktionsanalyse. Reinbek 1975

Okay-Corral

2.7 Wertschätzung in der Beratung

Angst macht dumm.

Die Wirkungszusammenhänge zwischen Ängsten und Denkleistungen sind auf unterschiedlichsten Ebenen untersucht. Wir wissen, dass Angst und andere ungünstige Affekte eine Beeinträchtigung des Denkens verursachen können.

Auch das Erleben, nicht wertgeschätzt zu werden, hat ähnliche Wirkung, indem es direkt das Stresssystem in Gang setzt: Wir geraten unter Druck, werden ängstlich oder sogar aggressiv – die Denk- und Aufnahmeleistung ist reduziert. Es kommt zu einer kaskadenartigen Ausschüttung von Stresshormonen. Bei chronisch erhöhter Ausschüttung dieser Substanzen wird die Aktivität bestimmter Gehirnregionen vermindert.

Wertschätzung hat genau die gegenteilige Wirkung. Auch das haben inzwischen die Neurowissenschaften in einigen Studien gezeigt. Wenn wir Wertschätzung erleben, dann löst das in unserem Körper bestimmte biologische Mechanismen aus. Wie Musik, Bewegung und andere positiv erlebte Einflüsse setzt auch die erfahrene Wertschätzung das Motivationssystem, den Kreativitätskreislauf in Gang.

Mit Wertschätzung ist jedoch nicht nur gemeint, dass wir nett zu den Klienten sind, sondern Wertschätzung in der Beratung hat noch andere Aspekte. So geht es z. B. darum, die Beiträge des Klienten zu würdigen. Da es in der Beratung wichtig ist, dass der Klient mitarbeitet, sollte der Berater bestrebt sein, Wertschätzung zu vermitteln und zu etablieren. Dies zu tun, auch wenn dem Berater zunächst selbst keine Wertschätzung entgegengebracht wird – Klienten tun das ja nicht immer von vornherein –, ist eine hohe Kunst in der Beratung.

Literatur:

Manfred Spitzer: Lernen, Gehirnforschung und die Schule des Lebens. Heidelberg/Berlin 2003

Joachim Bauer: Das Gedächtnis des Körpers – Wie Beziehungen und Lebensstile unsere Gene steuern. Frankfurt 2002

Wolfgang Knopf/Ingrid Walter: Beratung mit Gehirn – Neurowissenschaftliche Erkenntnisse für die Praxis von Supervision und Coaching. Wien 2010

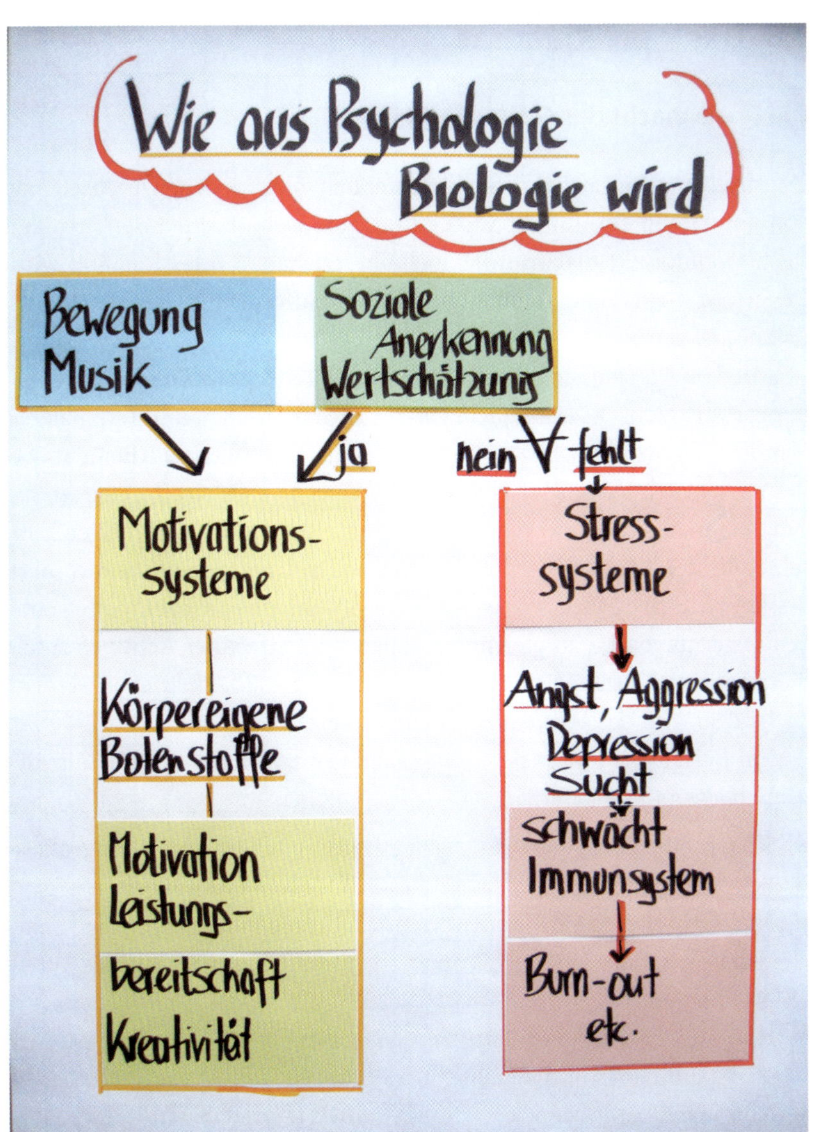

Der biologische Wirkmechanismus von Wertschätzung

2.8 Das Wertequadrat

Die Dosis macht das Gift!

Übertriebener Einsatz wird zur Verbissenheit, übertriebene Durchsetzung von Interessen produziert Opfer und Feindschaft, ein übertriebener Rechtsstandpunkt macht unflexibel, übertriebene Professionalität wird Expertokratie, Genauigkeit wird zum Perfektionismus. Ausgleichende Balance ist gefragt!

Mit dem **Wertequadrat** erhalten Sie ein interessantes Denk- und Ordnungsinstrument. Es ermöglicht ganzheitliches Urteilen und rationaleres Handeln – sowohl für Sie als Fachberater als auch für Ihre Klienten. Die Prämisse lautet: Jedes „Zuviel des Guten" eines an sich berechtigten Anliegens, einer an sich berechtigten Forderung, eines an sich geforderten Einsatzes für den Klienten wird zur entwertenden Übertreibung und verliert die konstruktive Wirkung, wenn nicht ein positiver Gegenwert – eine Schwesterntugend – ausgleichende Balance schafft. Aber Achtung: Auch diese positiven Gegenpositionen können zum Zerrbild übertrieben werden.

Und so wird das Wertequadrat konstruiert:

Ein Beispiel: Im Berufsleben ist **„Engagement in der Arbeit"** ein allgemein akzeptierter Wert.

- Sie schreiben den **Wert** „Engagement in der Arbeit" in die linke obere Ecke des Quadrats.
- Nun formulieren Sie die **entwertende Übertreibung** von Engagement, also „Zuviel des Guten": „Workaholic". Das schreiben Sie links unten ins Quadrat.
- Nun suchen Sie den **positiven Gegensatz** zu Workaholic: „Muße", „Entspannung", für die rechte obere Ecke.
- Nun formulieren Sie wiederum die **entwertende Übertreibung**, „Zuviel des Guten": „Faulheit", „Minderleister in Schonhaltung". Der **positive Gegensatz** zeigt die Entwicklungsnotwendigkeit des Minderleisters: „Engagement und Fleiß".

Merksatz: Der Wert „Engagement und Fleiß" muss durch die Schwesterntugenden „Muße" und „Entspannung" ausbalanciert werden, da sonst die

Gefahr besteht, dass Engagement zu schädigendem Überengagement – „Workaholic“ – verkommt.

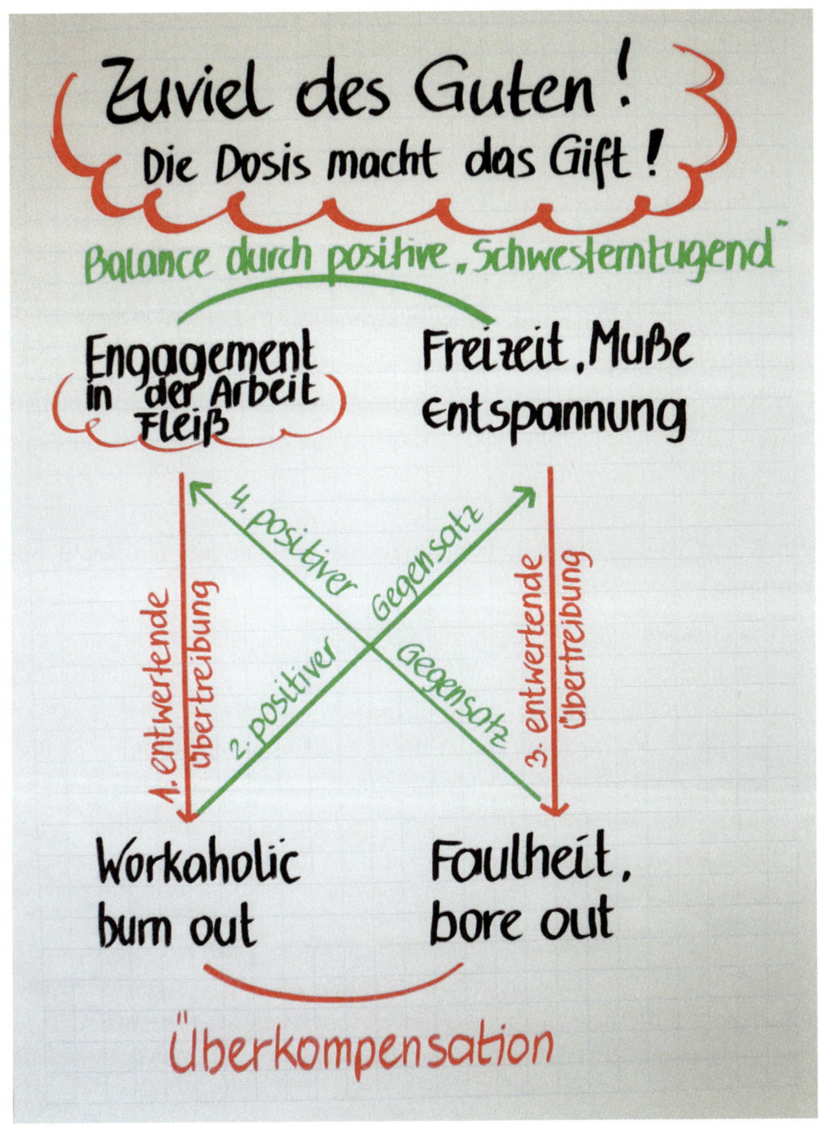

Zuviel des Guten

Zwei weitere **Beispiele** für Wertquadrate:

„Sich für Klienten einsetzen" stellt in der Fachberatung unbestritten einen Wert dar.

Folgen wir nun der Konstruktionsformel:

- „Zuviel des Guten", die entwertende Übertreibung, führt zu „Verbissenheit" und zum „Tunnelblick".
- Berater aus diesem Eck müssen sich in Richtung „Augenmaß" und „Offenheit" entwickeln.
- Das wiederum entwertend übertrieben führt zu „mangelndem Engagement" und dazu, Dinge schleifen zu lassen.
- Hier ist die Entwicklung von „Engagement für Klienten" zwingend.

Merksatz: Der „Einsatz für Klienten" wird erst dann zum Wert, wenn er durch die Schwesterntugenden „Augenmaß" und „Offenheit" ausgeglichen wird, weil sonst die Gefahr besteht, dass der Einsatz zur „Verbissenheit mit Tunnelblick" verkommt.

Ein Klient will die „rechtlichen Möglichkeiten ausschöpfen/**Recht bekommen**".

- Die entwertende Übertreibung des Ausnützens aller Rechtsmöglichkeiten führt zu „Streitsucht" und endlosen Rechtsstreitigkeiten und produziert am Ende Opfer und Feinde.
- Aus dieser Position heraus ist die Entwicklung in Richtung „realistische Sicht der Dinge – Kompromissbereitschaft" sinnvoll.
- Wer zu kompromissbereit ist, wird „nachgiebig und konfliktscheu".
- Diese Personen müssen lernen, auch auf Rechtsstandpunkten zu bestehen.

Merksatz: Der Wert „Recht bekommen" wird erst dann zum Wert, wenn er durch die Schwesterntugend „realistische Sicht der Dinge – Kompromissbereitschaft" ausgeglichen wird, weil sonst die Gefahr besteht, dass er zum Unwert „Streitsucht und ewiges Prozessieren" verkommt.

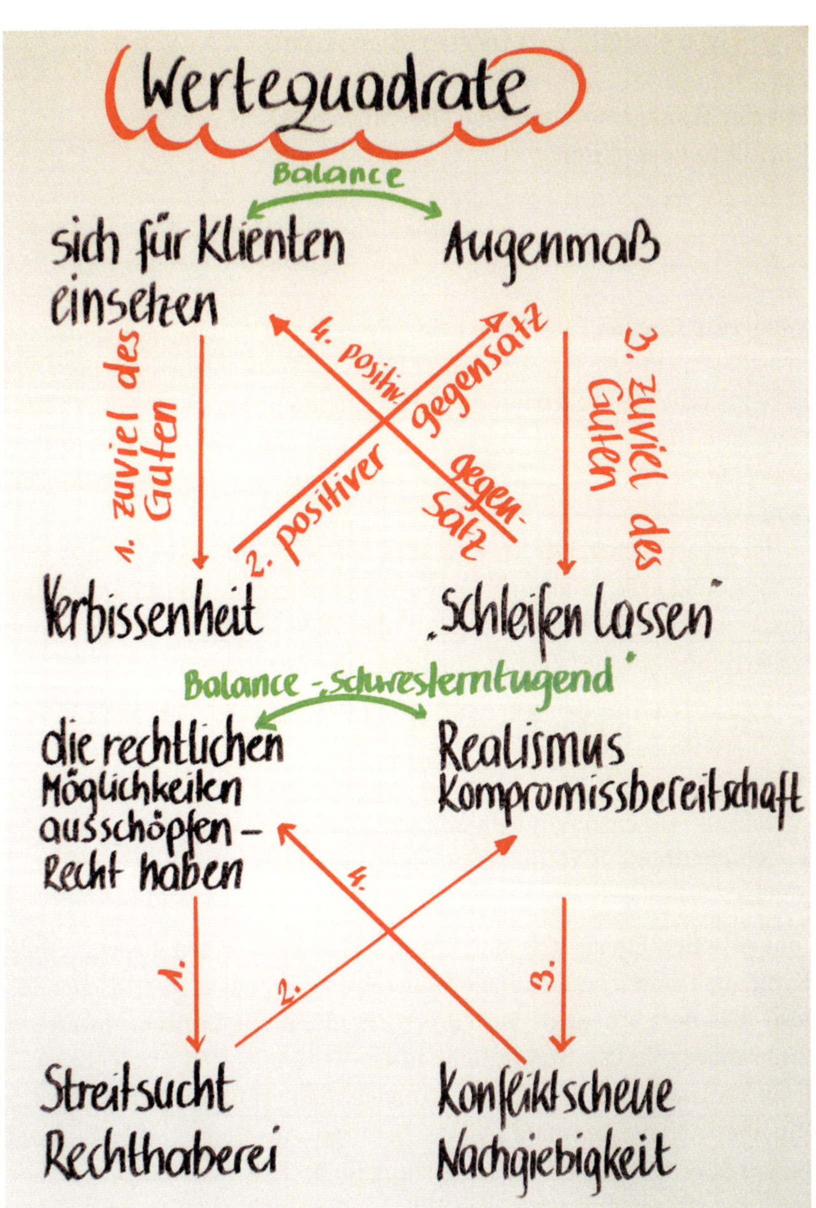

Wertequadrate

2.9 Transaktionen in der Beratung

Mit der Transaktionsanalyse (TA) Missverständnisse und Konflikte vermeiden

„Zwei Seelen wohnen, ach, in meiner Brust."
(Johann Wolfgang von Goethe)

Wenn es in Goethes Faust noch heißt „Zwei Seelen wohnen, ach, in meiner Brust!", so geht Eric Berne von drei Persönlichkeitsanteilen der menschlichen Psyche, den sogenannten **ICH-Zuständen**, aus. Diese Differenzierung ist hilfreich, um die Dynamik zwischen den Gesprächspartnern in verschiedenen Beratungssituationen besser verstehen und steuern zu können.

Im menschlichen Gehirn wird alles, jedes Ereignis, jedes Gefühl, jede Empfindung, jede Erfahrung aufgezeichnet. Diese „Aufzeichnungen" beginnen in frühester Kindheit und werden während des gesamten Lebens weitergeführt. Berne benennt drei ICH-Zustände:

- **Eltern-ICH:** so denken, handeln und fühlen, wie man es an seinen Eltern beobachtet hat.
- **Erwachsenen-ICH:** sich mit der gegenwärtigen Realität auseinandersetzen, Tatsachen sammeln und objektiv verarbeiten.
- **Kindheitheits-ICH:** fühlen und handeln wie damals, als man ein Kind war.

Im **kritischen Eltern-ICH** sind Gebote, Verbote, Normen, Regeln, Ethik, Kritik und sämtliche Vorurteile eingetragen. Wer aus dem kritischen Eltern-ICH heraus handelt, wird ärgerlich, moralisch, kritisch, abwertend und sarkastisch. Das **fürsorgliche Eltern-ICH** hingegen ist für menschliche Wärme, Ermutigung und Hilfsbereitschaft verantwortlich, aber auch für übertriebene, entmündigende Fürsorge. Aus diesem ICH-Zustand heraus übernehmen wir Verantwortung für andere, fühlen uns in andere ein, unterstützen und sind hilfsbereit.

Der Berater im Schneemann-Modell

Im **Erwachsenen-ICH** handelt es sich um bewusstes, reflektiertes Verhalten und Erleben. Aus diesem Zustand heraus werden nüchtern, sachlich und realitätsbezogen Fakten überlegt und Pro und Contra einer Situation abgewogen.

Im **freien Kind-ICH** ist das fröhliche, natürliche, spontane und kreative Kind zuhause, das vor Ideen sprüht und frei die Meinung sagt, unbekümmert, offen und begeisterungsfähig ist. Wer sich im **braven Kind-ICH** befindet, gehorcht, benimmt sich gut, passt sich an und führt Anweisungen aus. Wer sich im **trotzigen Kind-Ich-Zustand** befindet, geht in Opposition, rebelliert und leistet oft „passiven Widerstand".

Für die Beratungssituation ist dieses Modell in zweifacher Hinsicht wichtig:

- In welchem ICH-Zustand befindet sich unser Klient? Das erkennen wir oft an körpersprachlichen Signalen, Tonlage und Wortwahl.
- In welchem ICH-Zustand befinde ich mich gerade und ist das der Situation angemessen? Hier hilft Selbstreflexion.

Ziel der professionellen Beratung muss die Begegnung auf Augenhöhe im Erwachsenen-ICH-Zustand sein. Auf dieser Ebene können Beratungsergebnisse erzielt werden, die verstanden und akzeptiert werden können.

Berater aus dem fürsorglichen Eltern-Ich sind oft unterstützend, laufen aber Gefahr, Dinge für die Klienten zu übernehmen, für die sie gar nicht mehr zuständig sind, und so ihre Klienten unnötig unselbständig machen und sich selbst überfordern.

Berater aus dem kritischen Eltern-ICH moralisieren und sind, wenn auch unausgesprochen, vorwurfsvoll. Damit drängen sie Klienten in den trotzigen Kind-ICH-Zustand und produzieren Abwehr und Konflikte.

Auf Augenhöhe im Erwachsenen-ICH bleiben!

Umgekehrt kommen Klienten oft aus dem trotzigen oder braven Kind-ICH-Zustand und reizen damit den kritischen oder den bemutternd fürsorglichen ICH-Zustand des Beraters. Auch das hat eine destruktive Gesprächsdynamik zur Folge.

In der Kommunikation verstehen wir unter Transaktion immer einen Reiz und die dazugehörige Reaktion:

B.: „Haben Sie sich heute extra freinehmen müssen?"

K.: „Nein, mein neuer Job beginnt erst nächste Woche."

Transaktionen können horizontal parallel, diagonal parallel, (konstruktiv und destruktiv) gekreuzt (und verdeckt) sein.

- **Horizontal parallel** (Erw – Erw)
  B.: Bis wann können Sie die fehlenden Unterlagen bringen?"
  K.: „Noch heute vor Büroschluss."
- **Diagonal parallel** (braKI – fürEL)
  K.: „Es ist mir so schrecklich peinlich, dass ich die Unterlagen vom Arbeitgeber immer noch nicht bekommen habe. Wo Sie sich doch so bemühen!"
  B.: „Na ja, so schlimm ist es nun auch wieder nicht. Da müssen wir eben noch einen Termin vereinbaren."
- **Destruktiv gekreuzt** (kriEL – troKI, kriEL – troKI)
  B.: „Wie soll ich Ihnen eine Auskunft geben, wenn Sie die Unterlagen nicht mithaben!"
  K.: „So brauchen Sie mit mir aber auch nicht zu reden!"
- **Konstruktiv gekreuzt** (braKI – fürEL, Erw – Erw)
  K.: „Ich kenne mich überhaupt nicht aus, ich weiß überhaupt nicht, was ich tun soll!"
  B.: „Wir legen die Fakten auf den Tisch und gehen Schritt für Schritt vor."

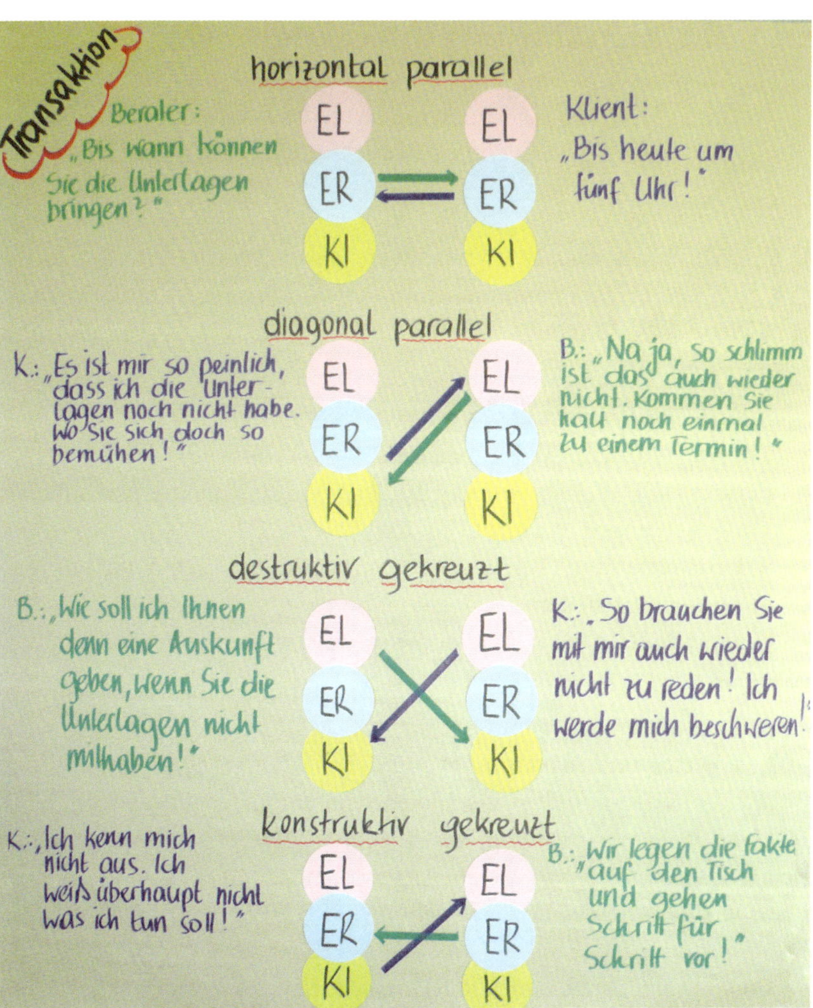

Parallel – gekreuzt. Konstruktiv – negativ.

2.10 Themenzentrierte Interaktion – TZI*

„Keine Methode ersetzt persönliche Wärme,
Toleranz und positive Einstellung zum Menschen."
(Ruth Cohn)

Das Beratungsgespräch ist immer auf ein *Thema* zentriert. Im Beratungsgespräch *interagieren* zumindest immer zwei Personen: der Berater und der Klient. Das Beratungsgespräch findet immer in einem bestimmten *setting* statt.

Das **Modell der TZI** stellt Beratung auf vier Eckpfeiler:

- **Thema (SACHE):** „Worum geht es?"
- **Person (ICH):** „Wer ist mein Klient? Wie sind meine persönlichen Voraussetzungen, Erfahrungen, Kompetenzen?"
- **Arbeitsbeziehung (WIR):** „Wie können wir gut miteinander kommunizieren und arbeiten?"
- **Umstände (GLOBE):** „Wie ist die spezifische Beratungssituation?"

Die **Kernthese** von Ruth Cohns TZI-Modell besagt, dass Beratungsprozesse dann erfolgreicher und nachhaltiger geführt werden können, wenn Thema, Person und Arbeitsbeziehung sich in einer gewissen dynamischen *Balance* befinden und die Umstände der Beratung bedeutsam sind.

Das TZI-Symbolbild zeigt das einzelne ICH in seiner Autonomie im Beratungsprozess ebenso wie die Angewiesenheit auf ein geglücktes WIR. Die oberste Spitze des Dreiecks gehört dem THEMA als einem von drei Erfolgskriterien.

Das Bild stellt auch einfache **Klärungshilfen** zur Verfügung:

- Handelt es sich um ein Sach-, Persönlichkeits- oder Beziehungsproblem?
- Geht es um einen Sach-, Persönlichkeits- oder Beziehungskonflikt?
- Fordert die Situation Sach-, Personal- oder Sozialkompetenz von mir?

* Gastbeitrag von Prof. Andrea Magnus

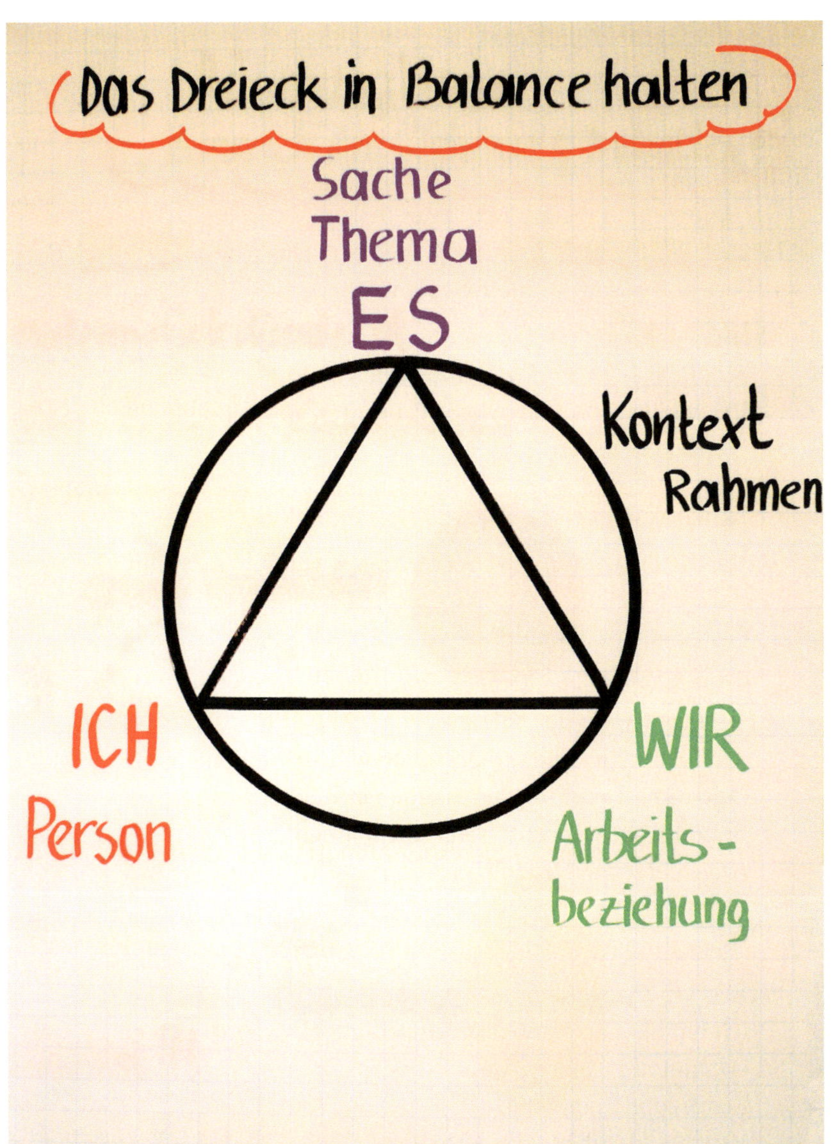

TZI-Grundmodell

TZI für die Beratungspraxis

„Ist denn der Beziehungsaspekt in der Beratung wirklich so wichtig?", werden sich manche Berater fragen. „Klienten kommen doch wegen Auskünften in die Beratung!"

Die Antwort auf diese Frage lautet JA!

Hier ein paar praktische Anregungen, wie Sie an allen Ecken des Dreiecks überlegt wirksam werden können:

- **Thema**
  - Möglichkeiten, Grenzen und Ziele klären
  - Relevantes auswählen – nicht um der Vollständigkeit willen alles verpacken wollen
  - Sprachniveau beachten – einfach und verständlich informieren – Fachchinesisch vermeiden
  - Visualisierungen verwenden – einfachste Bilder erhöhen das Verständnis
  - Checklisten verwenden
  - Handzettel für die weiteren Schritte mitgeben
- **ICH – Die Person des Klienten**
  - Auf Entwicklungsstand des Klienten Rücksicht nehmen
  - Eigenverantwortung des Klienten ermöglichen
  - Befindlichkeit angemessen wahrnehmen
  - Angemessen ausreden lassen
  - Person in ihrer Notsituation akzeptieren
  - Klienten in ihrer Vorerfahrung ernst nehmen
- **WIR – Arbeitsbeziehung**
  - Ich bin ok – du bist ok: auf Augenhöhe kommunizieren
  - Wenn nötig, Abgrenzung
  - Zeitdisziplin einhalten
  - Vertrauensverhältnis gewährleisten

Aufmerksamkeit, Präsenz, Takt und Höflichkeit – für den Klienten ist es wahrscheinlich die erste Beratungssituation, auch wenn es für Sie die tausendste ist.

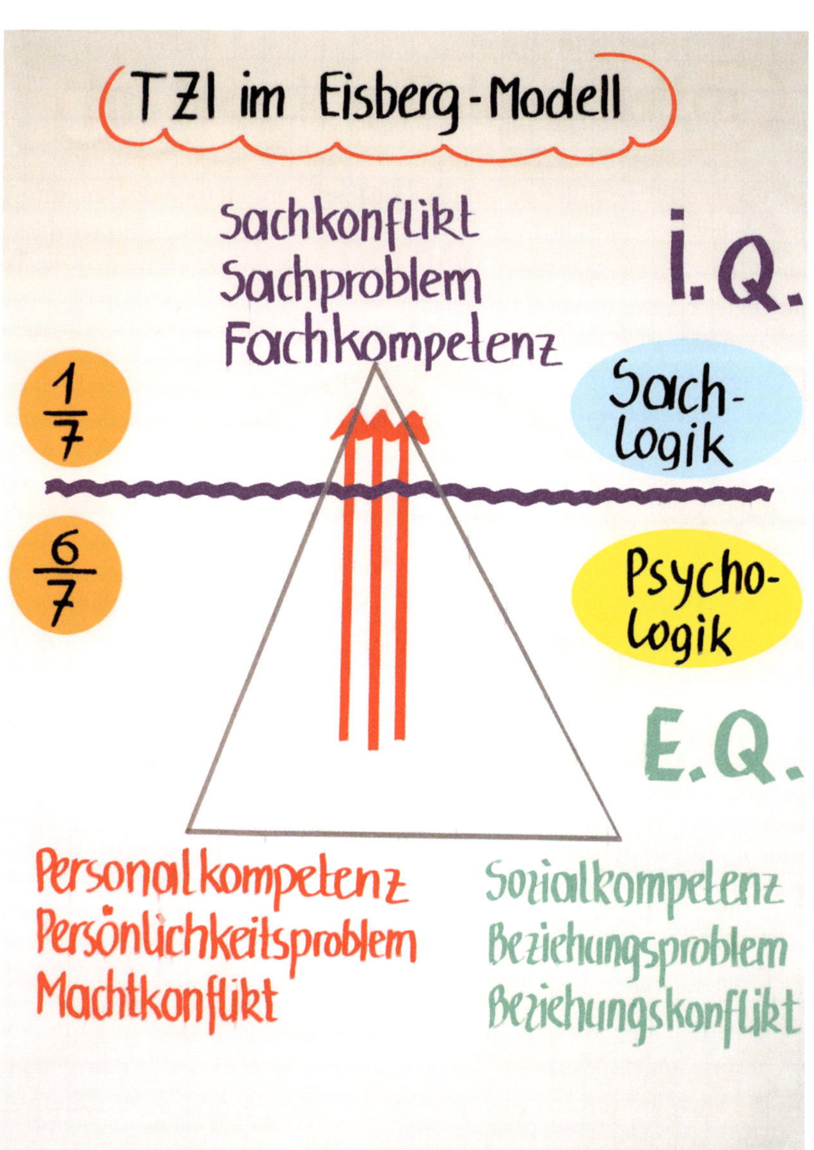

TZI im Eisbergmodell

2.11 Körpersprache

Jede persönliche Interaktion – auch in der Beratung – spielt sich auf zwei Ebenen ab. Auf der verbalen Ebene und auf der nonverbalen bzw. der körpersprachlichen Ebene. Auf der verbalen Ebene werden die Sachinformationen ausgetauscht. Auf der nonverbalen Ebene hingegen wird das ausgetauscht, was emotional hinter den Worten liegt und die Beziehung zwischen Berater und Klient gestaltet.

Man sagt ja, der Körper lügt nicht. Und deshalb ist es auch in der Beratungssituation ganz wesentlich, darauf zu achten, was der Körper signalisiert. Ein Fachberater sollte daher über die Sprache seines Körpers und deren Wirkung gut Bescheid wissen.

Zur Körpersprache – auf die der Berater achten sollte – gehören die Mimik, die Gestik, die Körperhaltung, aber auch die Modulation der Stimme, die Zwischentöne und der Augenkontakt.

Körpersprache …

- betont, unterstreicht und akzentuiert das gesprochene Wort und erhöht damit die Verständlichkeit,
- signalisiert Wertschätzung, aber auch Ablehnung,
- zeigt, was wir von unserem Gegenüber halten, und wirkt sich so unmittelbar auf die Beziehung aus,
- kann in angespannten Situationen eskalierende und deeskalierende Wirkung haben,
- kann einladend, aber auch begrenzend sein und reguliert so Nähe und Distanz.

Das sollten Beraterinnen und Berater noch über die Körpersprache wissen:

- Es ist wichtig, **Kongruenz** herzustellen, eine Übereinstimmung von gesprochenem Wort und Körpersprache. Ist diese nicht gegeben, kann die Situation für den Klienten verwirrend wirken. Z. B. Verständnisvolle Worte begleitet von Augenverdrehen.
- Auch der **kulturelle Aspekt** ist zu beachten. Es ist wichtig zu wissen, dass manche körpersprachlichen Signale oder Zeichen in einem anderen kulturellen Kontext anders codiert sind, etwas anderes aussagen.
- Die **Entschlüsselung** der Signale ist nicht unproblematisch. Sowie man Worte missverstehen kann, kann man auch körpersprachliche

Signale missverstehen. Dies passiert z. B., wenn einzelne körpersprachliche Signale isoliert interpretiert werden. Wie in der gesprochenen Sprache steht jede Geste oder Mimik für ein einzelnes Wort. Nimmt man diese aus dem Zusammenhang, kann sie eine ganz andere Bedeutung bekommen.

Was immer Berater tun und körpersprachlich signalisieren, letztlich ist entscheidend, dass durch das eigene Verhalten ein Klima hergestellt wird, in dem sich der Klient angenommen und respektiert fühlt.

Beispiele für Körpersprache in der Beratung

Kapitel 3

Praxis der Beratung

Das Gespräch zwischen Fachberater und Klient ist das Zentrum der Beratung: Es beruht auf einem mehr oder weniger ausdrücklichen Vertrag zum Zweck der Hilfestellung mit der dadurch gegebenen klaren Rollenverteilung als Berater bzw. ratsuchendem Klienten. Die Beziehung zwischen ihnen ist also komplementär bezüglich Wissen und Nichtwissen und der Gestaltung der Rahmenbedingungen und der Struktur – was beide Partner grundsätzlich akzeptieren – und symmetrisch hinsichtlich der Gleichwertigkeit der Partner. Auf den nachfolgenden Seiten soll das Wesentliche des Beratungsgesprächs vermittelt werden.

3.1 Beratung als gemeinsam gestalteter, zielorientierter Prozess

Menschen kommen aus ihrer „Welt", ihrem System, zu einem Fachberater, der in seiner „Welt", seinem System, lebt. Gemeinsam bilden sie ein neues System, Beratungssystem, welches eine spezifische Kommunikation, Dynamik und Zielsetzung entwickelt.

Zur Zielsetzung: Ganz abstrakt könnte man sagen, dass Menschen dann in die Fachberatung kommen, wenn sie in einem **IST-Zustand** sind, den sie als nachteilig erleben und aus dem sie heraus wollen. Sie wollen aus einem Übel heraus oder drohende Nachteile abwenden. Der erwünschte **SOLL-Zustand** wird jedenfalls als Verbesserung im Vergleich zur gegenwärtigen Lage vorgestellt. Meist wurden bereits Veränderungsversuche unternommen: entweder ohne oder nicht mit dem gewünschten Erfolg. Nun kann man das Aufsuchen der Fachberatung als – weiteren – Lösungsversuch verstehen. Die Beratung als eine Ressource in der Problemlösung.

Der Berater balanciert im Gespräch zwischen Problem- und Lösungsfokussierung. Er muss sich anfangs ein Bild der Situation, des Kontexts und der Problemlage fragend erarbeiten. Was ist passiert? Wie ist es jetzt? Was ist das Problem?

An der Lösung arbeiten heißt, Ressourcen und Perspektiven herauszuarbeiten und zu prüfen, was wer schon getan hat und in Zukunft tun kann. Es werden also Ziel- und Handlungsoptionen erarbeitet.

Grundsätzlich begegnen sich Berater und Klient als gleichwertige Partner – in einer symmetrischen Beziehung. Durch das ungleich verteilte Fachwissen entsteht jedoch auch eine Komplementarität in der Beziehung – der Fachberater wird zum Lösungs-Helfer.

Der Fachberater übernimmt Verantwortung für seine Sichtweisen und fachlichen Informationen – der Klient übernimmt die Verantwortung für seine Entscheidungen, Handlungen, Unterlassungen und die daraus resultierenden Folgen.

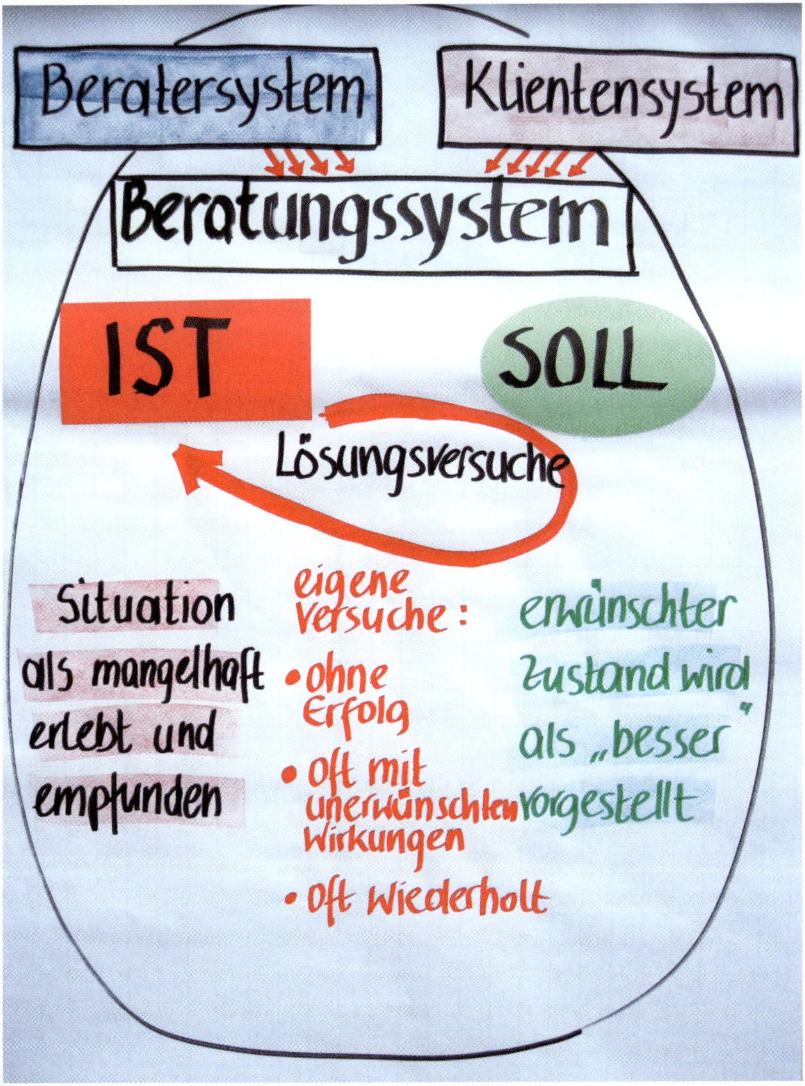

Das Beratungssystem

3.2 Grundsätzliche Einstellungen und Überlegungen

Damit Beratung in Gang kommen und gelingen kann, bedarf es einiger grundsätzlicher Einstellungen und Überlegungen. Der Berater

- berücksichtigt beide Ebenen der Beratung: sowohl die Sach- und Fachebene als auch die Beziehungsebene,
- respektiert und akzeptiert die Klienten und Klientinnen mit ihren Schwierigkeiten und Sichtweisen, die oft umständlich und wortreich, manchmal aber auch wortkarg geschildert werden,
- verhilft, wenn nötig, dem Klienten dazu, sein Problem beschreibend zu benennen,
- bemüht sich, die Probleme und Sorgen der Klienten in ihrer aktuellen Lebenssituation zu verstehen,
- geht von der Annahme aus, dass Klienten und Klientinnen durch ihr Problem meist psychisch belastet sind und der Berater manchmal auch „emotionale Erstversorgung“ leisten muss,
- weiß, dass die Klienten trotz psychischer Belastung und der grundlegenden Verunsicherung, die sie in die Beratung führt, eigene Ressourcen haben,
- bedenkt, dass Klienten mit der Hoffnung auf Klärung und Lösung ihrer Probleme Beratung aufsuchen, aber eben diese Suche nach Rat, Unterstützung und Hilfe auch als Kränkung ihres Selbstwertgefühls erleben können,
- weiß, dass Gefühle und Emotionen die Aufnahme von Informationen stark beeinträchtigen können,
- vermittelt sein Fachwissen mit klaren, verständlichen Worten,
- hat Geduld in allen Phasen der Beratung.

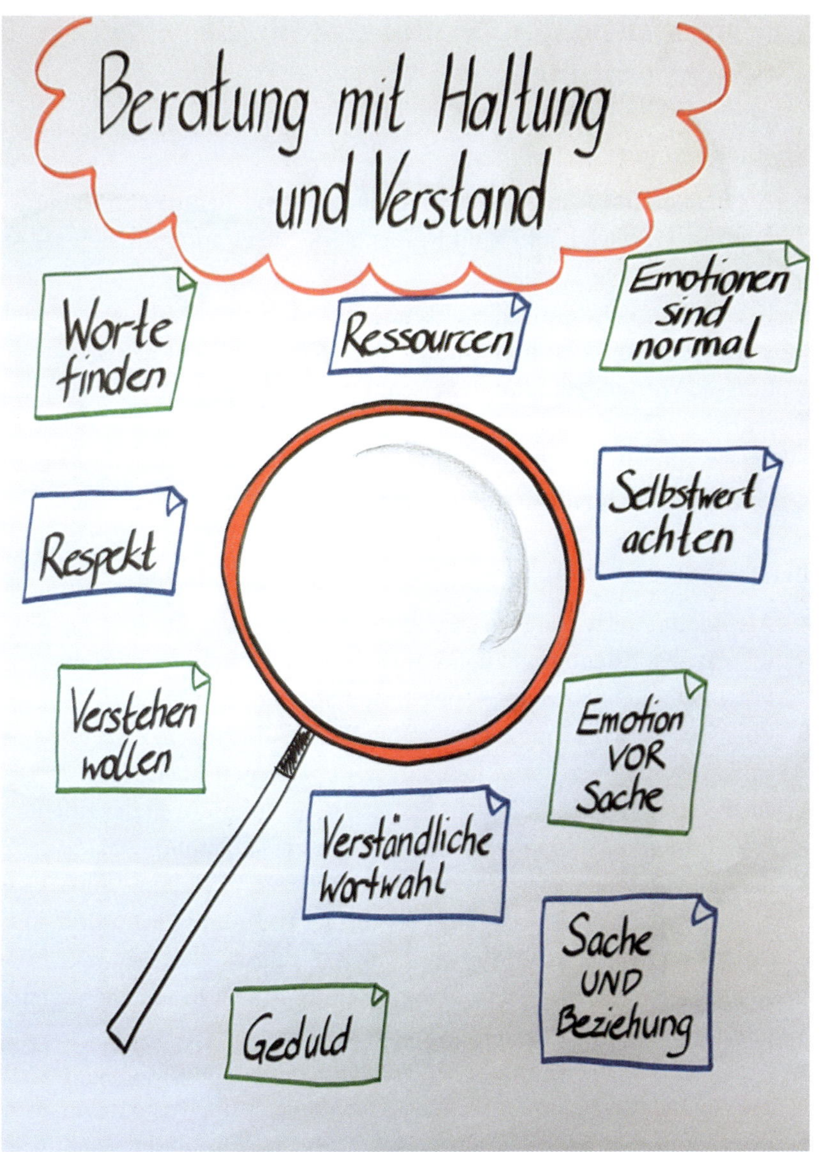

Beratung mit Haltung und Verstand

3.3 Die wichtigsten Grundsätze für die Fachberatung

Klientenbezogen:

- Als Berater und Beraterinnen begegnen Sie den Klienten und Klientinnen mit Wertschätzung und Respekt, wie Sie es auch für sich selbst erwarten und verlangen.
- Klienten und Klientinnen akzeptieren heißt, sie anzunehmen und ernst zu nehmen in ihrer Unterschiedlichkeit und mit ihren Vorstellungen, Werten, Handlungsweisen. Das bedeutet nicht, dass Sie alles gutheißen oder für richtig befinden: So ist es beispielsweise notwendig, Klienten und Klientinnen mit Konsequenzen ihrer Einstellungen zu konfrontieren oder dysfunktionales Handeln deutlich zu machen.

Beraterbezogen:

- Als Berater setzen Sie Ihre Fähigkeit ein, die oft komplexe Lebensrealität der Klienten anzuerkennen und mit ihnen gemeinsam ihre Fragestellung, ihr Anliegen, ihre Problematik zu erfassen.
- Ebenso wichtig ist Ihnen, die Hoffnungen, Erwartungen, Ziel- und Lösungsvorstellungen sowie Ressourcen der Klienten zu erfassen.
- Auch setzen Sie Ihre Fähigkeit ein, sich in die innere Welt der Klienten einzufühlen und sie so verstehen zu können (Empathie).
- Sie kennen Ihre Aufgaben und Kompetenzen und damit auch Ihre Grenzen: Was ist Aufgabe und Vorgabe der Beratungs-Institution oder Profession (Was müssen Sie, was können Sie tun?) – wie weit reicht Ihr eigenes Fachwissen – was verlangt „Beratung" von Ihnen (siehe Definition Kapitel 1.1)?
- Außer Fachkompetenz benötigen Sie auch Beratungskompetenz, zu der vor allem die kommunikativen Fähigkeiten zählen und damit auch die Kenntnis grundlegender Gesprächstechniken, deren wichtigste „Aktives Zuhören" (siehe Kapitel 4.7) ist.

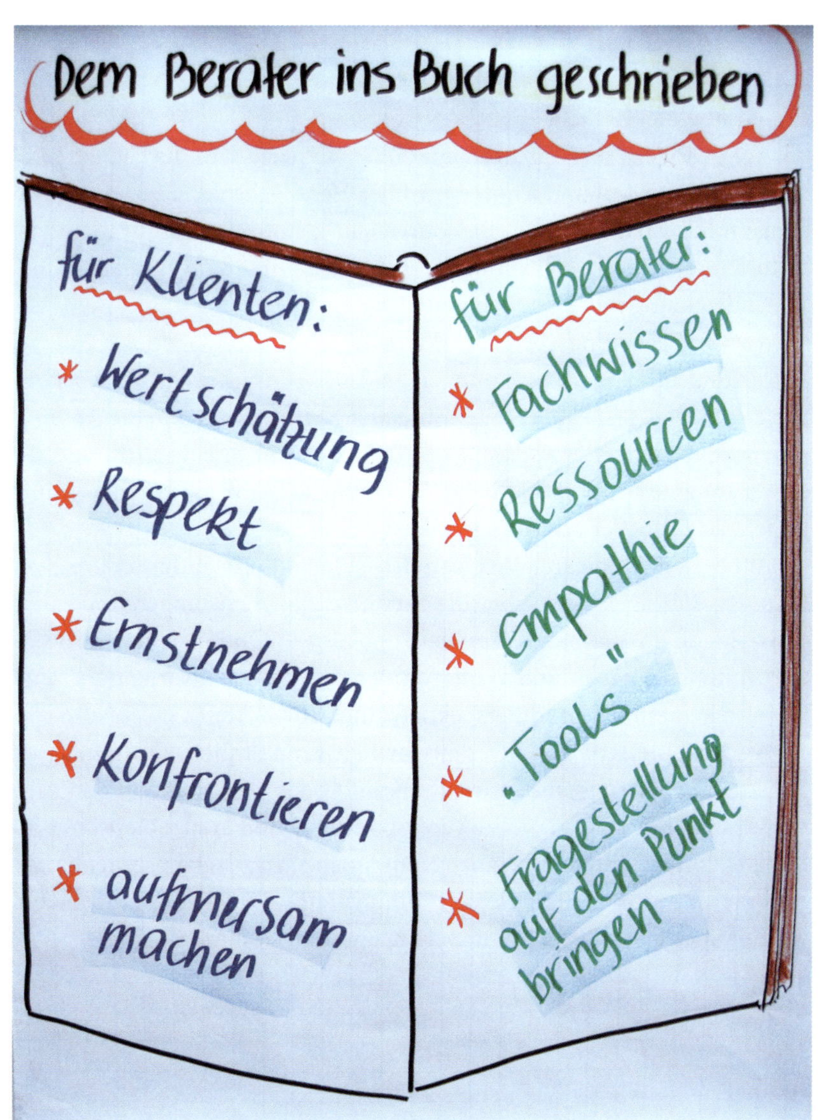

Das Grundsätze-Buch für Berater

3.4 Die Rollen des Fachberaters

Ein Fachberater braucht ein breites Rollenrepertoire:

Auf der Sach- und Inhaltsebene soll er **Experte** sein. Er hat aktuelles inhaltliches Wissen und Know-how über Herangehensweisen, er hat Zugang zu Informationen und Ressourcen, er kennt seinen Auftrag und ist zielorientiert. Seine Sachkenntnis bringt er in die Sachverhaltsklärung, Zielentwicklung und Lösung ein.

Auf der Beziehungsebene ist er **Wegbegleiter** auf Augenhöhe. Er klärt Erwartungen – spricht Hoffnungen an. Er ist Ansprechpartner für konkrete Anliegen, respektiert unterschiedliche Sichtweisen und die Autonomie des Klienten (Berater zieht und schiebt nicht in eine Richtung). Er achtet auf eine partnerschaftliche Beziehung, in der beide Verantwortung tragen. Er zeigt Wertschätzung und Verständnis.

Auf dem nichtlinearen Weg vom Ist- zum Soll-Zustand ist er kreativer **Impulsgeber**. Er spricht über die Zukunft, gibt Anregungen und innovative Ideen im Sinne der Veränderung. Er zeigt Optionen auf, konfrontiert mit Neuerungen und Widerständen, denkt lösungsorientiert, zeigt Szenarien auf und fördert Perspektiven und Entwicklung.

Als **Organisator** ist er verantwortlich für Rahmen, Ordnung und Struktur. Er vertritt seine Einrichtung und/oder Funktion und den Auftrag. Er stellt Regeln auf, trifft Vereinbarungen und kontrolliert die Einhaltung von Regeln. Er zeigt auch Konsequenzen auf, setzt gegebenenfalls Sanktionen. Erledigt oder delegiert administrative Tätigkeiten, interveniert, verfügt über Überweisungskompetenz und stellt Kontakte her.

Die Rollen des Beraters, der Beraterin

3.5 Basics für die Gesprächsführung

Die **zuhörend-fragende Gesprächsführung** ist Voraussetzung dafür, das Anliegen und die Sichtweisen, die „inneren Landkarten", Ihrer Klientinnen kennenzulernen und so Verständigung und Verstehen vor dem Hintergrund Ihrer eigenen Sichtweisen („inneren Landkarte") zu ermöglichen. So kann Beratung von beiden Seiten als gemeinsamer, zielorientierter Prozess gestaltet werden.

Ihr **Menschenbild** und Ihre **innere Haltung** bestimmen grundlegend den Rahmen des Gesprächs: Menschen sind „nicht-triviale Maschinen" (H. v. Foerster), sie „funktionieren" nach ihrem Eigen-Sinn, autonom, spontan, kreativ. In der Begegnung mit Ihren Klienten erfahren diese Ihre Wertschätzung, Geduld, Neugierde und Ihr Interesse. Aus dieser Haltung heraus setzen Sie als zentrale Gesprächstechniken **„Aktives Zuhören"** und **„Offene Fragen"** ein.

Im weiteren Geschehen verhilft Ihnen **richtiges Fragen** (konkretisierend, präzisierend, erweiternd, nachfragend, konfrontierend) zu einem umfassenden und realistischen Verständnis des Problems Ihrer Klienten, verhilft zur Aktivierung der Klienten in Richtung selbst gestalteter Problemlösung, regt die Klienten zum Nachdenken an und verhindert eine voreilige und unrealistische Problemlösung.

Durch **häufiges Eingreifen** in das Gespräch gelingt es Ihnen besser, alle wesentlichen, auch gefühlsmäßigen, Mitteilungen der Klienten aufzugreifen. Das Gespräch wirkt dadurch lebhafter und die Klienten erleben Sie als engagierten und interessierten Partner. Zwar ist oftmals – auch in der Fachberatung – in Anfangssituationen das Bedürfnis nach „Abladen" seitens der Klienten groß. Wenn Sie aber nur zuhören und das Gespräch laufen lassen, erwecken Sie leicht den Eindruck von Teilnahmslosigkeit.

Sie akzeptieren **Gefühle** und auch **Gefühlsausbrüche**, da Sie wissen, dass Unsicherheit, Sorgen und Probleme den ganzen Menschen erfassen und daher auch im Gespräch deutlich werden und Platz beanspruchen.

In Ihrem **Sprachstil** berücksichtigen Sie **die Wortwahl der Klienten**, indem Sie ähnliche Worte wie sie benutzen. Dies fördert den Kontakt zwischen ihnen. Sprechen Sie eher in kurzen Sätzen und konkreten Formulierungen, um von den Klienten gut verstanden zu werden und Missverständnisse zu reduzieren. Bedenken Sie grundsätzlich, dass in Beratungsgesprächen nicht ausschlaggebend ist, was gesagt wird, sondern einzig zählt, **was subjektiv** von den Klienten **verstanden wird**: daher Rückfragen und Bestätigen als zentrale Instrumente einsetzen!

Grundbausteine des Beratungsgesprächs

3.6 Ablauf des Beratungsgesprächs

Da Berater sozusagen „alle Hände voll zu tun haben", kann ein den Überblick ermöglichendes Ordnungsschema hilfreich sein.

Anfangsphase
Ziele:

- Klima herstellen
- Zusammenarbeit erreichen
- Ersten Überblick über Fragestellung/Anliegen herstellen

Informations- und Klärungsphase
Ziele:

- Sachverhalt, Schwierigkeiten, Belastung erfassen
- Eventuelle Vorberatungen oder bereits unternommene Schritte abklären
- Sachbeiträge vom Klienten einholen

Befundphase
Ziele:

- Befund/Expertise feststellen und erklären sowie deren Bedeutung für den Klienten
- Mögliche Enttäuschung berücksichtigen
- Handlungsoptionen und dazugehöriges konkretes Vorgehen nennen
- Zielfindung für Handlungs- und Vorgehensweise unterstützen
- Klienten-Ziel festhalten

Endphase/Abschluss
Ziele:

- Zusammenfassung und Bilanz:
- Kennt sich Klient mit Befund/Expertise und seinen Möglichkeiten aus?
- Weiß Klient, ob und was er tun kann und wie?
- Ergebnis sichern durch den Klienten
- Überweisung sinnvoll/notwendig?
- Abschluss oder weitere Termine vereinbaren

Brücke zum Beratungserfolg

Anfangsphase

Ziele:

- Klima herstellen
- Zusammenarbeit erreichen
- Ersten Überblick über Fragestellung/Anliegen herstellen

Aufgaben:

- Angenehme, ruhige, ungestörte Atmosphäre schaffen
- Sich mit Namen vorstellen – eventuell auch mit der vertretenen Abteilung („Mein Name ist X, Sie sind hier in der Abteilung Sozialrecht"), Platz anbieten, zugewandt sein, Blickkontakt halten
- Beratungsrahmen für dieses Gespräch nennen und einhalten: verfügbare Zeit, Kosten (Höhe, Zahlungsmodus), Verschwiegenheit, Gesprächsablauf, eventuell Notizen machen (selbst und bei Klient anregen)
- Sich durch Schildernlassen der Sachlage einen ersten Überblick verschaffen

Gesprächsführung:

- Gespräch beginnen mit einer „offenen Frage" (siehe unten): „Was ist denn Ihr Anliegen?" oder „Was führt Sie denn zu uns?"
- Behilflich sein, wenn dem Klienten der Anfang deutlich schwerfällt: „Es fällt Ihnen nicht leicht …", oder „Sie wissen nicht, wo Sie anfangen sollen? Fangen Sie mit dem an, was jetzt in Ihren Gedanken ist, wir werden es später gemeinsam ordnen."
- Verlangsamen, wenn Klient schnell oder überfallsartig beginnt. Bestimmt unterbrechen mit „Bitte, lassen Sie sich Zeit". Falls keine Wirkung: „Es ist vielleicht eine unangenehme Situation für Sie – ich möchte Ihnen helfen, so gut ich kann."

Wichtig ist: zuhören, wahrnehmen, präsent sein, zum Gespräch ermutigen, Anliegen ernst nehmen, Akzeptanz und Verstehenwollen vermitteln

Anfangsphase

Einige in dieser Phase wichtige **Gesprächstechniken**:

Aktives Zuhören: aufmerksam zuhören und mitdenken, entsprechende Äußerungen einwerfen

Wirkung: vermittelt Zuwendung, Akzeptanz und Verstehen (Ausführlicheres siehe Kapitel 4.7)

Offene Fragen (siehe auch Gesprächsbeginn): sind Fragen, die zu ausführlichen und weiterführenden Berichten einladen

Wirkung: bringen Informationen, erweitern das Gespräch (Ausführlicheres siehe Kapitel 4.10)

Wiederholen: einzelne Worte oder kurze Sätze des Klienten wiederholen.

Wirkung: präzisiert, ermutigt zu konkreteren Ausführungen

Anfangstechniken

Informations- und Klärungsphase

Ziele:

- Sachverhalt, Schwierigkeiten, Belastung erfassen
- Eventuelle Vorberatungen oder bereits unternommene Schritte abklären
- Sachbeiträge vom Klienten einholen

Aufgaben:

- Fragestellung/Anliegen/Sachverhalt/Problematik mittels Fragen (wer, was, wann, warum ...) genau und konkret erfassen sowie auch die aktuelle Lebenssituation
- Mögliche körperliche/psychische Belastung mit einbeziehen
- Objektive und subjektive Dringlichkeit klären (z. B. Fristen)
- Nach eventuellen Vorberatungen und deren Ergebnissen fragen
- Erkundigen, was Klient eventuell bereits unternommen hat und mit welchem Resultat
- Mitarbeit des Klienten für Beschaffung sachdienlicher Unterlagen (Belege, Aufzeichnungen, Rechnungen, Versicherungsverträge etc.) sicherstellen

Informations- und Klärungsphase

Gesprächsführung:

Da es in dieser Phase vorrangig darum geht, Sachverhalt, Belastungsstärke, Dringlichkeit zu erfahren, sind insbesondere **konkretisierende Techniken** wichtig:

- Situationen konkret und genau schildern lassen
- Nicht nur „offene" Fragen, sondern auch solche zur Präzisierung stellen
- In bestimmten Beratungsbereichen typische Beispiele erbitten, z. B. zur Abklärung von Mobbing
- Zusammenfassen der wichtigsten sachlichen und emotionalen Inhalte
- Öfter nachfragen, ob Klient und seine Situation richtig verstanden wurden

Die erwünschte **Mitarbeit des Klienten anregen:**

- durch „Aktives Zuhören" (siehe Kapitel 4.7) und
- durch Informationen und Hinweise darauf, dass vorhandene Unterlagen und Belege zur besseren Erfassung der Sachlage beitragen.

Beispiel: zwei schwierige Gesprächssituationen

- Wenn Klient „wasserfallartig" redet, immer wieder gezielt unterbrechen, z. B. mit: „Bitte, lassen Sie sich Zeit" oder „Warten Sie, habe ich Sie da richtig verstanden, …?" oder „Stopp (von entsprechendem Handzeichen begleitet), bitte langsamer, das ist mir zu schnell (und wiederholend), ich habe zuletzt verstanden, dass …"
- Wenn Klient ohne „Punkt und Komma" redet, vom „Hundertsten ins Tausendste kommt", ebenfalls bestimmt unterbrechen und fokussierend zusammenfassen: „Sie haben jetzt viele Situationen erwähnt, in denen Ihnen Unrecht widerfahren ist. Sagen Sie mir doch, wo ist Ihnen aktuell Unrecht geschehen? " oder einen bestimmten Sachverhalt hervorheben und nachfragen: „Sie haben x erwähnt und sind dann davon abgekommen. Lassen Sie uns x nochmals genauer ansehen" oder „Das möchte ich genau (besser) verstehen, bitte schildern Sie das nochmals".

Klärungstechniken

Befundphase

Ziele:

- Befund/Expertise feststellen sowie deren Bedeutung für den Klienten erklären
- Mögliche Enttäuschung berücksichtigen
- Handlungsoptionen und dazugehöriges konkretes Vorgehen nennen
- Zielfindung für Handlungs- und Vorgehensweise unterstützen
- Klienten-Ziel festhalten

Aufgaben:

- Fachliche Beurteilung der erfassten Situation mitteilen
  - Befund/Expertise für den Klienten verständlich erklären
  - Bedeutung und Konsequenzen für den Klienten aufzeigen
  - Mögliche Enttäuschung ansprechen und auffangen:
    - Fachkompetenz des Beraters oder der Institution genügt nicht
    - Expertisen-Inhalt entspricht nicht der Erwartung/Hoffnung
- Möglichkeiten aufzeigen/suchen
  - Handlungsoptionen und das dazugehörige konkrete Vorgehen erörtern
  - Klienten-Ziel erarbeiten/präzisieren helfen (siehe auch Kapitel 4 und 5)
  - Zur Zielfindung Entscheidungshilfen anbieten:
    - Chancen und Risiken von Handlungsmöglichkeiten aufzeigen
    - Chancen und Risiken von Ausführungsmöglichkeiten benennen
  - Eventuell Zeit für Überdenken und weiteres Gespräch anbieten
- Klienten-Ziel und Vorgangsweise feststellen

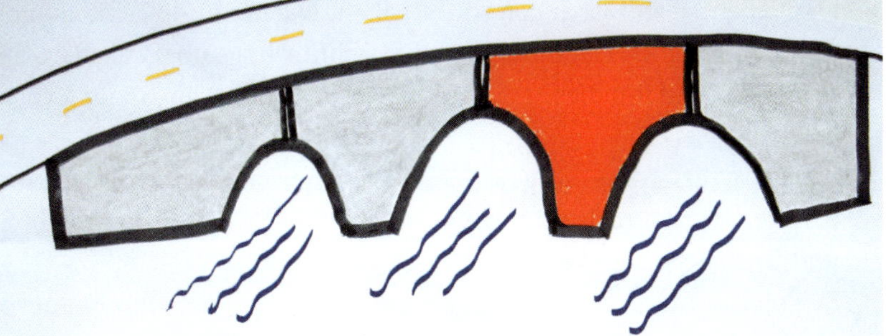

Befundphase

Gesprächsführung:

- Befund/Expertise, Bedeutung und Konsequenzen in Alltagssprache für den Klienten verdeutlichen: kurze Sätze; nicht zu viele Details auf einmal; Fachbegriffe nur dann, wenn für weiteres Vorgehen notwendig
- Den Klienten zu Fragen ermutigen; selbst nachfragen, ob die Erklärungen verständlich waren; Klienten anregen, sich Notizen zu machen
- Den Klienten mit Chancen und Risiken, Nutzen und Nachteilen der unterschiedlichen Handlungs- und Durchführungsmöglichkeiten konfrontieren und ihn diese erwägen und abwägen lassen – dafür Zeit geben
- Darauf achten, dass das gewollte Vorgehen und das Ziel des Klienten realisierbar und realistisch sind und er auch die möglichen Nachteile und Unsicherheiten kennt und zu tragen bereit ist
  Beispiel: ein Gerichtsprozess erfordert Zeit, Energie, Durchhaltevermögen, Geld und es gibt keine Garantie, dass der Klient gewinnt

Enttäuschung ansprechen und auffangen versuchen:
Falls Enttäuschung aus Kompetenzgrenze der Institution/des Beraters resultiert: einerseits diese eigene/institutionelle Grenze klar und einfühlend erklären sowie andererseits eine kompetente Beratung nennen bzw. anbieten, eine solche zu suchen: „Es tut mir leid, wenn ich Sie jetzt enttäusche, weil Sie diesen Weg umsonst gemacht haben. Wir können in dieser Angelegenheit nicht helfen, weil wir dazu kein Wissen/keine Möglichkeit/keine Erfahrung haben. Aber ich kann Ihnen sagen, an wen Sie sich wenden können“ oder „Es tut mir leid, etc. Ich bin kein Experte in diesem Bereich, aber ich kann Ihnen entsprechende Experten nennen“.

Falls Enttäuschung von der erwarteten Expertise stammt, besonders an die psychische Verletzbarkeit denken: „Es tut mir leid, dass ich für Sie keine günstige Nachricht habe und Sie jetzt enttäuschen musste. Was hatten Sie sich denn erhofft?“ und für die Schilderung der zerschlagenen Hoffnung Zeit lassen. Danach vorschlagen, die im Interesse des Klienten günstigsten verbleibenden Möglichkeiten gemeinsam zu suchen.

Gesprächstechniken für Befund und Perspektiven

Endphase/Abschluss

Ziele:

- Zusammenfassung und Bilanz:
- Kennt sich Klient mit Befund/Expertise und seinen Möglichkeiten aus?
- Weiß Klient, ob und was er tun kann und wie?
- Ergebnis sichern durch den Klienten
- Überweisung sinnvoll/notwendig?
- Abschluss oder weitere Termine vereinbaren

Aufgaben:

- Ergebnisse zusammenfassen
  - Expertise kurz im Wesentlichen wiederholen
  - Gewähltes Vorgehen und Ziel nennen. Nochmals Entscheidungssicherheit des Klienten hinterfragen
- Klient **will** nichts weiter unternehmen obwohl er dies könnte: nochmals mögliche Konsequenzen aufzählen
- Klient **kann** in seiner Sache nichts weiter tun: abhängig von Situation: Braucht er Unterstützung? siehe unten „Überweisung"
- **Weiteres Vorgehen** und nächste Schritte vom Klienten schildern lassen und anregen, Notizen zu machen; falls Hilfestellungen durch eigene Institution möglich und gewünscht sind, diese in die Wege leiten
- Fragen nach Unklarheiten oder Offengebliebenem
- Falls Überweisung
  - wegen **mangelnder Fachkompetenz**: Adresse suchen und mitgeben
  - als **unterstützende Maßnahme**: Notwendigkeit/Sinnhaftigkeit verständlich und einfühlend erklären sowie Adresse suchen und mitgeben. (Ausführlicheres siehe unten)
- Bei sehr komplexer Thematik oder starker emotionaler Betroffenheit des Klienten: Endergebnisse und Vereinbarungen nochmals wiederholen
- Gespräch/Beratung beenden, Beratungsbereitschaft für später auftretende Fragen bekunden und Visitenkarte mitgeben oder nächsten Termin vereinbaren und zwischenzeitliche Erreichbarkeitszeiten des Beraters mitgeben

Abschlussphase

Gesprächsführung:

- Das ganze Gespräch ist getragen von der Bereitschaft, den Klienten in seiner aktuellen Lage ernst zu nehmen, ihn zu verstehen und ihm helfen zu wollen. Dadurch ist spätestens jetzt auch ein Eindruck vom Ausmaß der körperlichen und psychischen Belastung entstanden, woraus sich eventuell die Notwendigkeit/Sinnhaftigkeit einer Überweisung zur medizinischen/psychosozialen Behandlung/Beratung ergeben kann. Zur Unterstützung des Klienten existieren verschiedene **Überweisungsvarianten:**
  - Unterstützung hat Vorrang, Fachberatung wird unterbrochen
  - Unterstützung *zusätzlich* zur Fachberatung: wichtig für Entscheidungs- und Handlungsfähigkeit und Situationsbewältigung
  - Unterstützung *nach* Fachberatung: wichtig für Handlungsfähigkeit und Bewältigung der Situation

Beispiel aus der Mieterberatung:
„Herr Z, ich weiß von Ihnen bereits, wie wichtig die Wohnung für Sie ist und wie sehr Sie durch die Kündigung bedroht sind, sodass Sie Druck im Brustkorb spüren und schlecht schlafen. Jetzt sehe ich, dass Sie beim Reden so unruhig und aufgeregt werden, dass Sie ganz blass sind und Ihnen der Schweiß auf der Stirne steht. Ich bin sehr um Ihre Gesundheit besorgt und werde deshalb jetzt das Gespräch beenden, damit Sie zum Arzt gehen können. Ich kann Ihnen aber bereits sagen, dass wir alles tun werden, diese Kündigung zu verhindern, und dazu auch noch Zeit haben. Waren Sie schon bei Ihrem Arzt? Nein? Haben Sie einen? Ja? Dann suchen Sie ihn bitte dringend auf, am besten sofort. Unser Gespräch würde ich gerne übermorgen um … Uhr fortsetzen, um alles Weitere zu besprechen. Falls Sie dazu noch nicht in der Lage sind, rufen Sie mich bitte an. Sie haben noch zumindest elf Tage Zeit für weitere Schritte, das ist wirklich ausreichend für uns."

- Nach Überweisung im folgenden Gespräch nach Resultat fragen
- Dem Klienten beim Abschied ausdrücklich versichern, dass er sich bei eventuell auftretenden Fragen oder Schwierigkeiten wieder an den Berater wenden kann

Gesprächstechniken fürs Beenden

Kapitel 4

Gesprächsführung in der Beratung – Verständnismodelle und Tools

Schlüssige Verständnismodelle sowie wirksame und spezifische Techniken der Gesprächsführung ermöglichen das Erfassen des Sachverhalts, der subjektiven Bedeutung für den Klienten und jener Fragen, deretwegen er oder sie Beratung sucht. Außerdem sind sie hilfreich und notwendig für das Aufzeigen und Erklären von Möglichkeiten sowie für das Hinführen zu Entscheidungen, Zielen, Lösungen und Handlungsstrategien.

4.1 Wie viel Info kommt drüben an

Das wurde mir nicht gesagt …

Gesagt ≠ gehört
gehört ≠ verstanden
verstanden ≠ einverstanden

Auf dem Weg von den Lippen des Senders bis zum Gedächtnis des Empfängers haben Informationen eine regelrechte Hindernisbahn zu überwinden. Wie viel kommt dabei wirklich durch?

Ein erstes Hindernis besteht in der Frage, ob der Empfänger überhaupt zuhört. Vielleicht ist er abgelenkt, müde oder denkt an etwas anderes.

Ist nun sichergestellt, dass die Empfängerseite – der Ratsuchende – akustisch die gleichen Worte hört, wie sie vom Berater ausgingen, taucht gleich das zweite Hindernis auf: Kann der Zuhörer den Ausführungen des Beratenden folgen? Versteht er die dargestellten Inhalte, Begriffe und Zusammenhänge? Kurz: Ist die Information verständlich genug?

Ist auch die Verständlichkeit gegeben, wird es erst so richtig spannend: Denn inzwischen ist die Information auf das etwa Fünffache angewachsen. Warum? Meist dem Sender (dem Berater) gar nicht bewusst, gehen von diesem nicht nur Worte aus (verbale Kommunikation), sondern auch eine Vielzahl anderer Signale und Botschaften. Dazu zählt die gesamte nonverbale Kommunikation, nämlich stimmliche Einfärbungen (Betonung, Pausen, Akzent usw.) sowie Mimik, Gestik und Haltung als körpersprachliche Signale. Auf den Gesprächspartner treffen also 20 Prozent verbale und 80 Prozent nonverbale Informationen. Was tut der Angesprochene mit der Information? Er vergleicht die neue Information mit dem, was er schon weiß, und vor allem: Er deutet und bewertet sie (bewusst oder unbewusst): Überzeugt mich der Berater? Ist es wichtig? Decken sich seine Ausführungen mit meinen Erwartungen? Was erzeugt in mir Widerspruch? usw. So vermeint der Zuhörer öfter Dinge wahrzunehmen, die der Berater niemals (so) gesagt bzw. gemeint hat.

Zusammengefasst liegen uns also drei Teile einer Information vor:

- gesendete Information, die nicht ankommt,
- empfangene Information, die nicht gesendet wurde, und
- die Übereinstimmung von gesendeter und empfangener Information.

Der Anteil von „übereinstimmender Kommunikation“ soll in Alltagsgesprächen nur zwölf Prozent betragen! Das erklärt viele Missverständnisse.

In Beratungssituationen versuchen wir, diesen Bereich stark zu vergrößern. Wenn es Beratern gelingt, die Botschaft wirklich rüberzubringen, dann gilt: Gesagt = einverstanden.

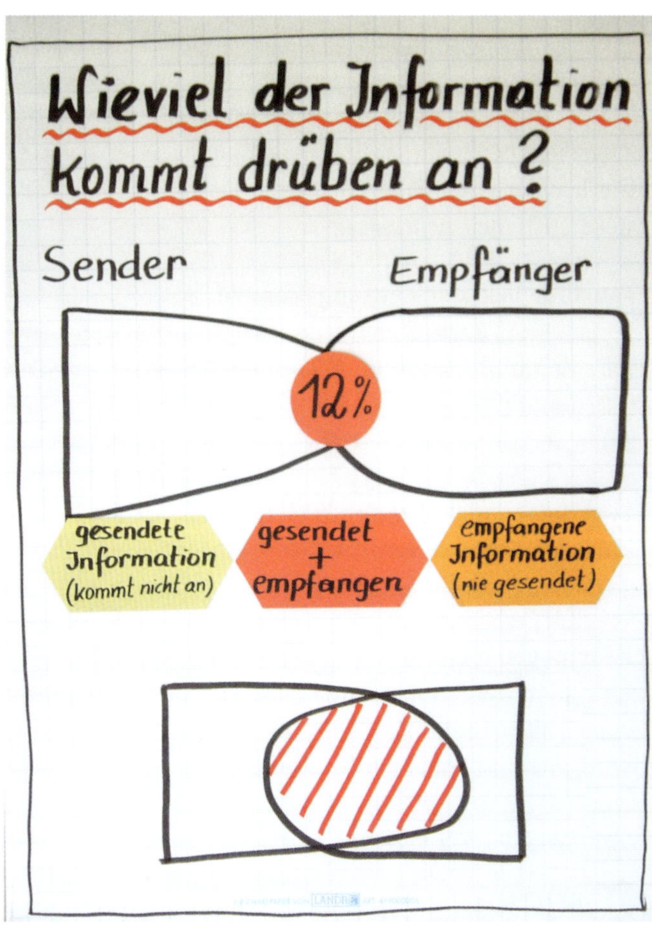

Drei Teile der Information im Beratungsgespräch

4.2 Erwartungs-Klarheit

Erfassen, was Klienten wirklich wollen

„Ich hoffe, ich konnte Ihnen weiterhelfen!" So ähnlich könnte ein Beratungsgespräch enden. Ein letzter Händedruck, vielleicht das Überreichen der Honorarnote und der Klient ist bei der Tür draußen. Drinnen stellt sich der Berater die Frage: „Habe ich die Erwartungen des Klienten erfüllt?"

Vielleicht ist die Frage eindeutig zu beantworten, weil offen darüber gesprochen wurde. Vielleicht gibt es aber auch nur vage Anhaltspunkte aus Bemerkungen wie: „Es hat schon etwas gebracht."

Nehmen Sie das Thema der Erwartungsklärung aktiv in die Hand, möglichst früh und bei Bedarf auch zwischendurch. Sie ersparen sich Umwege und erleichtern sich Abgrenzungen. Das Modell der Beratungsmatrix leitet an, Klarheit zu schaffen.

Feld 1: Erwartung bekannt/Leistung erbracht
Über Anliegen und Erwartungen wurde offen gesprochen, ein sehr zufriedenstellender Zustand. Am Ende der Beratung schließt sich der Kreis: Zusammenfassen und Bilanz ziehen. Die Höhe der Honorarnote birgt keine Überraschung, da von vorneherein abgesprochen.

Feld 2: Erwartungen nicht bekannt/Leistung trotzdem erbracht
Ein Glücksfall aufgrund von Erfahrung und gutem Gespür. Aber Achtung vor Zufällen und leeren Kilometern.

Feld 3: Erwartungen nicht bekannt/Leistung nicht erbracht
Grund dafür kann die falsch verstandene Angst sein, Klienten zu verlieren. Dieser Fall befindet sich aber im „Hoffnungsgebiet" und kann durch Klärung ins Feld 1 übergeführt werden.

Feld 4: Erwartungen zwar bekannt/Leistung aber nicht erbracht
Der Problemfall einer Störung auf der Beziehungsebene zwischen Klient und Berater. Hier helfen eine Analyse der Situation und daran anschließend eine Korrektur von Vorgehen bzw. Vertrag.

Nur wer weiß, was der Klient wirklich will, hat gute Chancen, erfolgreich zu beraten.

Literatur:
Walter Buchacher/Josef Wimmer: Das Führungsseminar. Wien 2008

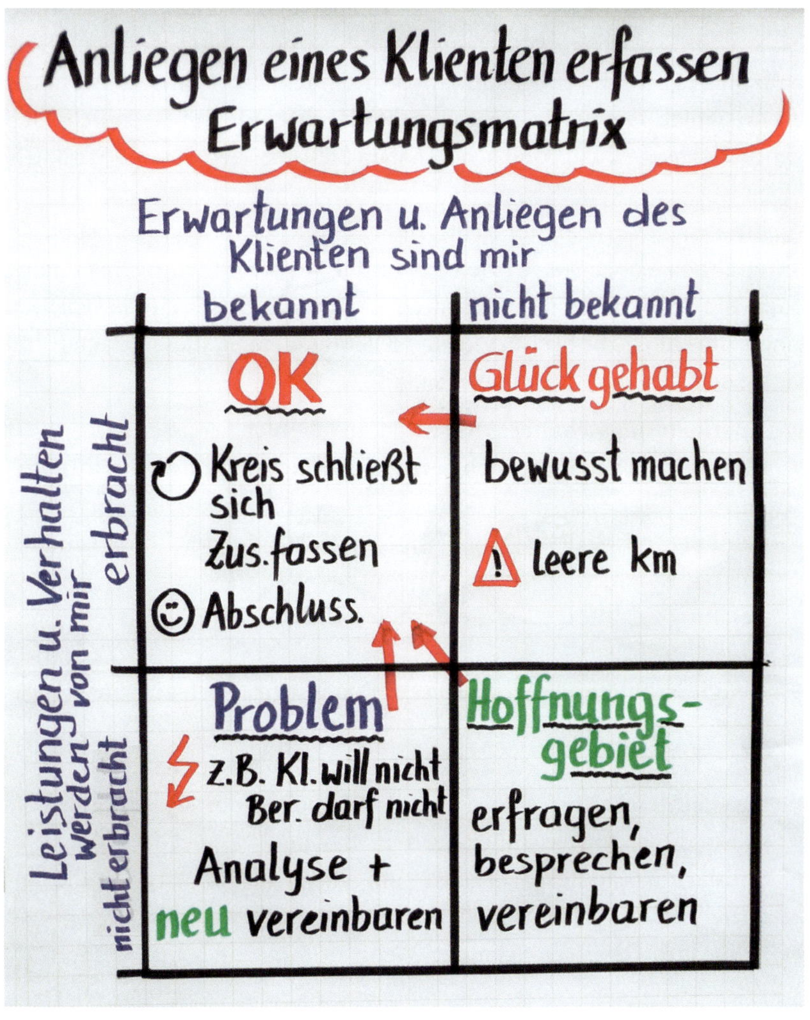

Erwartungen klären

4.3 Ja-Schalter

Jedes NEIN zu jemand anderem ist ein JA zu sich selbst.

Fachberater wollen als fachlich kompetent wahrgenommen werden. Die meisten Menschen wollen darüber hinaus auch „geliebt" werden und nicht als selbstsüchtig, hartherzig, rücksichtslos und autoritär gelten. Deshalb fällt es oft schwer, Ansinnen von Klienten abzulehnen, obwohl die eigene Situation eine Zusage gar nicht erlaubt und man eigentlich auch gar nicht zusagen will. Und schon haben Sie JA gesagt, obwohl Sie NEIN sagen wollten.

Ein klares NEIN an der richtigen Stelle und zum richtigen Zeitpunkt bringt Ihnen jedoch viele Vorteile. Aber der Mensch ist schwach und noch dazu mit **JA-Schaltern** ausgestattet. Unsere Kinder, Freunde, Partner, Chefs und möglicherweise auch die Klienten kennen diese Schalter und versuchen sie jedes Mal umzulegen:

- **Anerkennungsschalter:** „Auf Sie kann ich mich verlassen."
- **Bin-so-arm-Schalter:** „Ich schaffe das nicht, können Sie mir helfen?"
- **Konkurrenzschalter:** „Wenn ich hier nicht erfolgreich bin, gehe ich halt zur Kammer."
- **Leistungsschalter:** „Wie Sie das alles schaffen! Sie sind so leistungsfähig."
- **Neugierschalter:** „So einen Fall hat Ihnen sicher noch nie jemand präsentiert, das ist ganz was Neues."
- **Fähigkeitsschalter:** „Wenn Sie das nicht können, wer dann?"
- **Sympathieschalter:** „Sie waren so freundlich zu mir, sicher können Sie mir in dieser Angelegenheit auch noch helfen!"
- **Solidaritätsschalter:** „Da geht es um einen Fall, der betrifft ja alle Unternehmer. Da sitzen wir alle in einem Boot."
- **Schlechtes-Gewissen-Schalter:** „Wenn Sie mir nicht helfen, wer sonst?!"

So schaffen Sie Abgrenzung:
Erkunden Sie Ihre JA-Schalter. Wer seine Schwachstellen kennt, ist ihnen nicht hilflos ausgeliefert, reagiert nicht immer gleich nach alten Mustern.

Flüchten Sie nicht in fadenscheinige Ausreden, sondern erlernen Sie Abgrenzungsstrategien.

Literatur:
August Höglinger: Grenzen setzen bei Erwachsenen. Linz 2004

Den Schalter auf NEIN umlegen

4.4 Logischer Rahmen – Weg und Zeit

Erst ein Ziel macht den Weg argumentierbar.

„Als sie das Ziel aus den Augen verloren,
verdoppelten sie ihre Anstrengung."
(Mark Twain)

Der Logische Rahmen ist ein Lieblingsmodell in unserer eigenen Beratungstätigkeit, weil er oft auf einfache Weise das Hauptproblem auf den Punkt bringt.

Ob in der Politik, im Arbeits- und Wirtschaftsleben oder im privaten Bereich – sehr oft hat man folgende Ausgangssituation: Eine Seite schlägt einen Weg (Maßnahme, Regelung usw.) vor und die andere Seite ist dagegen oder legt einen anderen Vorschlag auf den Tisch. Nun wird heftig debattiert, welcher Weg der bessere ist. Die Auseinandersetzung nimmt ihren Lauf und wird heftiger und schärfer.

Wichtig und hilfreich ist in einer solchen Situation die Frage: „Stopp! Wo wollen wir denn eigentlich hin?"

Jeder der Beteiligten hat (unbewusst) ein Ziel vor Augen und hält den vorgeschlagenen Weg für den (einzig) sinnvollen. Das ist eine typische Ausgangslage für Konflikte. Erst die Verständigung über das Ziel macht die Lösungswege diskutierbar. Denn auf ein Ziel hin sind Wege logisch argumentierbar.

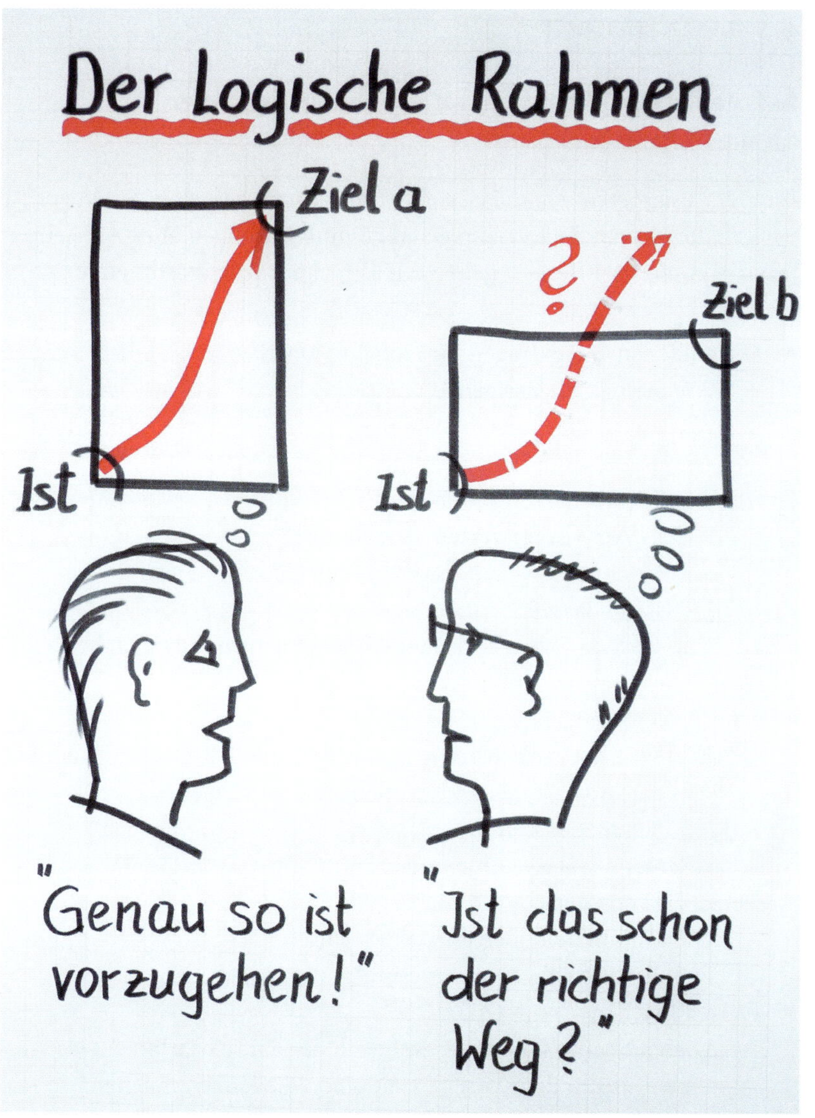

Erst auf ein Ziel hin sind Vorgehensweisen logisch argumentierbar.

4.5 Leatherman

Auf die Wirkung kommt es an – Lenkungstechniken für die Gesprächsleitung

Im Beratungsgespräch müssen oft Emotionen aufgefangen, Angriffe pariert, die Gespräche in Gang gehalten und Störungen aller Art neutralisiert werden. Als Berater geben wir Ihnen ein paar **Werkzeuge** an die Hand:

- Die goldenen Gegenfragen für Notsituationen:
  - „Wie meinen Sie das genau?"
  - „Wie soll ich das verstehen?"
  - „Worauf genau beziehen Sie Ihre Frage?"
  - „Wie denken Sie selbst darüber?"
  - „Welche Antwort erwarten Sie von mir?"
  - „Aus welchen Gründen fragen Sie mich das?"
- Konkretisieren lassen
  - „Mit welchen aktuellen Daten können Sie Ihre Aussagen belegen?"
  - „Wissen Sie dazu ein konkretes Beispiel?"
- Interpretieren lassen
  - „Ich bin nicht ganz sicher, ob ich verstanden habe, was Sie meinen. Ist es das, was Sie meinen? Wollen Sie damit sagen, dass …?"
- Zusammenfassen lassen
  - „Könnten Sie das noch einmal in Kurzform zusammenfassen?"
- Vorschläge erbitten
  - „Was könnte man hier sonst noch alles tun?"
  - „Fällt Ihnen vielleicht noch etwas anderes ein?"
- Pausen machen
  - „Dieses Thema sollten wir erst nach der Pause bearbeiten. Da können wir uns in der Zwischenzeit schon Gedanken machen."
- Aktives Zuhören
  - „Sie sind also der Meinung, dass …?"
  - „Sie sind darüber ganz schön verärgert."
- Visualisierung
  - „Ich werde versuchen, das Thema und die eigentliche Problematik mit einer Skizze auf dem Flipchart fassbarer zu machen!"

- Am Thema dran bleiben
  - „Glauben Sie, dass diese Frage direkt mit unserem Thema zusammenhängt?“
  - „Ich möchte zuerst Problem A fertig bearbeiten.“
- Stopp-Strategie
  - „Halt, ich möchte so nicht weiter diskutieren.“
- Metakommunikation
  - „Merken Sie auch, wie sich unser Gespräch entwickelt hat?“

Literatur:

Rainer W. Stroebe: Kommunikation. München 2001

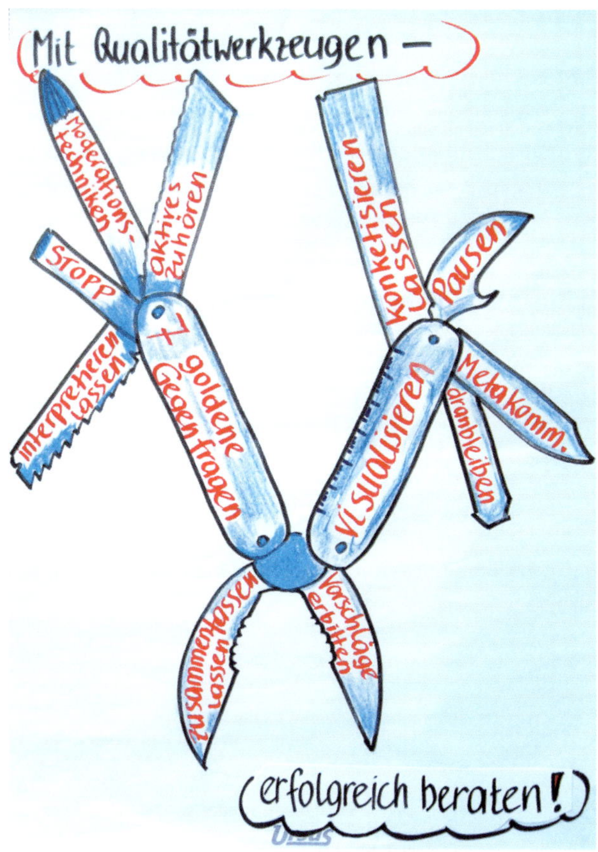

Lenkungstechniken für die Beratung

4.6 Verständlichkeit

Die vier Verständlichmacher

„Alles, was sich sagen lässt, lässt sich klar sagen!"
(Ludwig Wittgenstein)

Das Konzept der **Verständlichkeit** baut auf dem **„Inselmodell"** (Kapitel 2.5) auf: Kommunikativ lebt jeder Mensch auf seiner eigenen Insel. Auf dieser Insel gelten gewisse Normen, wird in tradierten Denkrillen gedacht, herrscht eine elaborierte Rechtssystematik und es wird vor allem eine eigene Sprache gesprochen. Und darin sind Fachberater oft Meister.

Bleiben wir im Bild: Um das Problem des Klienten zu erfassen, muss der Fachberater die Inselwelt des Klienten verstehen. Beim Besuch des Klienten auf der Fachberatungsinsel müssen Sie Ihrem Besucher behilflich sein, sich zurechtzufinden und Sie überhaupt zu verstehen. Dazu müssen Sie das Anspruchsniveau Ihres Klienten bedienen. Nicht, was Sie in der Beratung alles gesagt haben ist entscheidend, sondern was verstanden wurde.

Verständliche Auskünfte zeichnen sich durch vier Eigenschaften aus:

- einfach und nicht kompliziert
- gegliedert und nicht durcheinander
- prägnant und nicht weitschweifig
- visualisiert und nicht farblos

Literatur:

Inghard Langer/Friedemann Schulz von Thun/Reinhard Tausch: Sich verständlich ausdrücken. München 1993

Die vier Verständlichmacher

* Einfachheit
* Gliederung, Ordnung
* Kürze, Prägnanz
* Visualisierung, Anregung

Was sich überhaupt sagen lässt, lässt sich klar sagen!

Ludwig Wittgenstein

Besser verstanden werden

4.7 Aktives Zuhören

„Was die kleine Momo konnte wie kein anderer, das war: Zuhören."
(Michael Ende)

Aktives Zuhören ist eine Form des Da-Seins für unsere Gesprächspartner, eine Haltung. Das braucht Zeit und Zuwendung – eine Investition, die sich immer rechnet.

Durch Aktives Zuhören vermitteln wir unserem Gegenüber: „Ich verstehe dich!" (Das heißt jedoch (noch) nicht: „Ich gebe dir recht!). In sehr vielen Beratungsgesprächen geht es unseren Klienten darum, überhaupt jemandem erzählen zu können, worum es geht.

Durch Aktives Zuhören ermöglichen wir unseren Gesprächspartnern, das Problem zu benennen, darzustellen, zu differenzieren – und das ist häufig schon ein Teil der Lösung, jedenfalls eine befreiende Entlastung.

Paraphrasieren

Als aktiv zuhörender Fachberater wiederholen Sie bzw. fassen Sie die Aussagen des Sprechers

- wortgetreu (eher selten)
- reflektorisch sinngemäß oder
- interpretierend

zusammen. Beim Aktiven Zuhören steht die Klientin im Vordergrund. Demzufolge werden bei der Rückmeldung des Gehörten Du- bzw. Sie-Botschaften verwendet:

- „Sie glauben also, dass ..."
- „Habe ich richtig verstanden, dass ..."
- „Sie meinen damit, ..."
- „Besonders wichtig ist Ihnen, ..."
- „Ist es so, dass es vor allem darum geht, ...?"
- „Mit anderen Worten ..."
- „Von Ihrem Standpunkt gesehen ...?"
- Sie denken, dass ...?

Verwenden Sie bei den Reformulierungen Ihre eigene Sprache und vermeiden Sie angelernte Formelhaftigkeit. Mit der Wiederholung – passend und nicht dauernd eingesetzt – steht Ihnen ein hervorragendes Klärungsinstrument zur Verfügung.

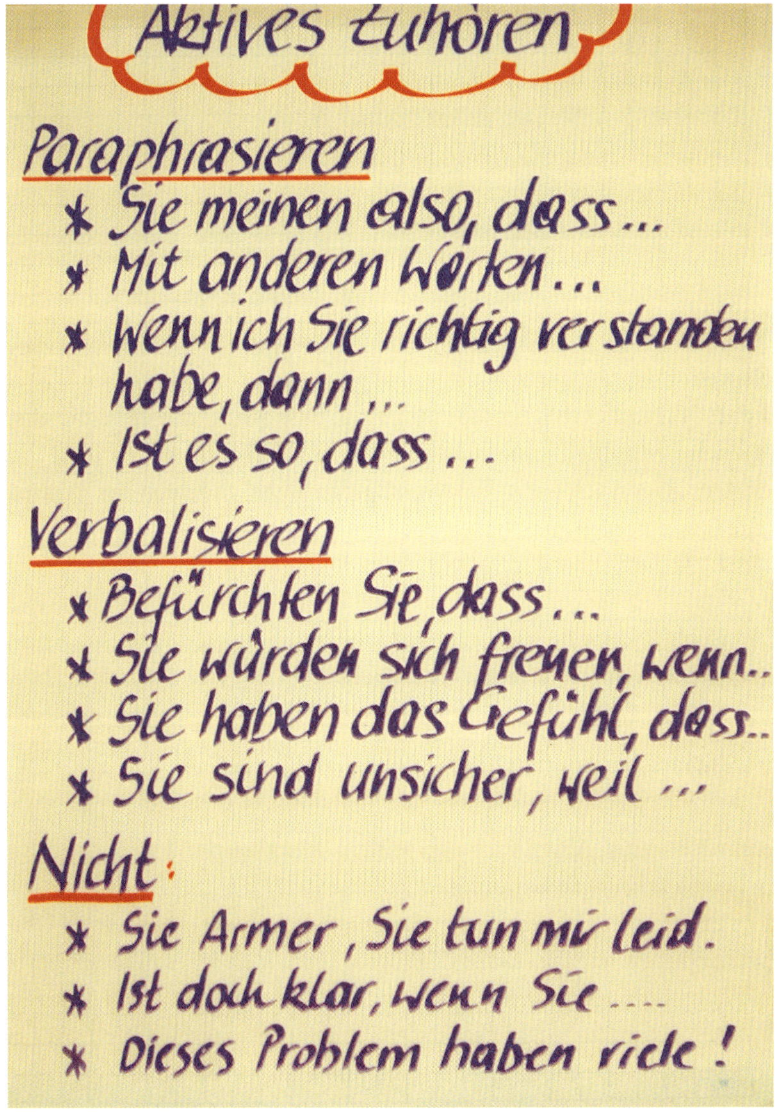

Aktives Zuhören

Verbalisieren

Der zweite besonders wirkungsvolle Baustein des Aktiven Zuhörens besteht darin, dass Sie die Körpersprache und die Stimme Ihres Klienten bewusst wahrnehmen und dann die beobachteten oder vermuteten Gefühle Ihres Gegenübers benennen:

- „Darüber sind Sie sehr traurig."
- „Dabei erleben Sie sich als machtlos."
- „Wenn Sie das sagen, wirken Sie sehr verunsichert."
- „Sie würden sich freuen, wenn …"
- „Sie haben das Gefühl, dass …"
- „Sie hätten erwartet, dass …"
- „Könnte es sein, dass Sie sehr verärgert sind, weil …?"

Beispiel:
Klient: „Eigentlich bin ich der Meinung, dass wir in dieser Sache etwas unternehmen sollten, ganz sicher bin ich mir allerdings noch nicht!"
Berater: „Wenn ich Sie richtig verstanden habe, möchten Sie in dieser Sache was unternehmen, haben aber noch Bedenken?"
Klient: „Ja, genau, weil …"

Manches Mal kann das Gespräch in Gang gehalten werden, indem Sie mit **Türöffnern** zum Weiterreden ermutigen:

- „Ich habe den Eindruck, Ihnen liegt (noch) was am Herzen?"
- „Möchten Sie mir (noch) etwas mitteilen?"
- „Ich würde gerne hören, was Sie selbst darüber denken?"

Beschwichtigung, Abschwächung, Mitleid, Moralisieren, Urteilen, Schuldzuweisung schadet in Beratungssituationen.

In unseren Seminaren braucht kaum ein Schulungsinhalt so viel Überzeugungsarbeit wie das Aktive Zuhören. Und doch ist es eine der besten Grundausstattungen für Berater. Der Schlüssel zur Akzeptanz dieser besonderen Grundhaltung liegt in der Erkenntnis, dass die Psycho-Logik nach anderen Gesetzmäßigkeiten funktioniert als die Logik.

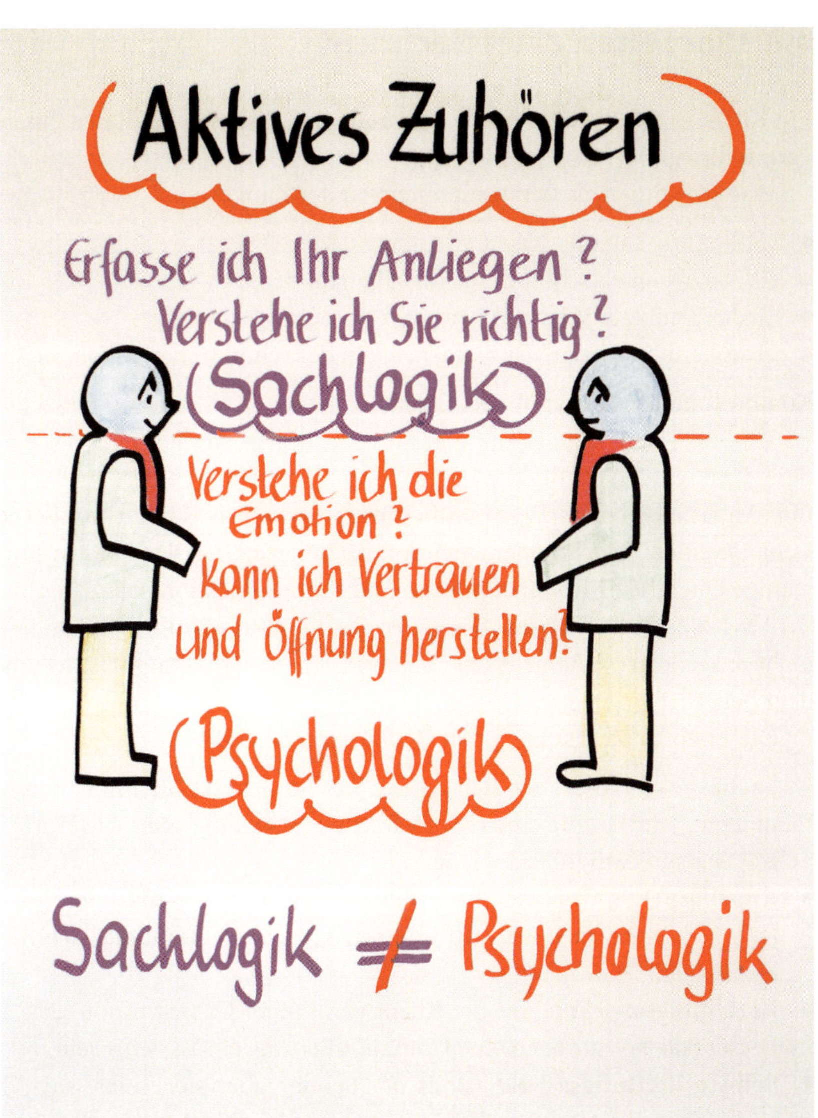

Mit Herz und Verstand

4.8 Vier Seiten einer Nachricht

Ein Klient kommt bei der Tür herein und sagt: „Bis man bei Ihnen einen Termin kriegt ...!"

Was liegt Ihnen als Berater spontan auf der Zunge?

- „Sollen wir Tag und Nacht arbeiten, oder was?"
- „Wir machen eh schon jeden Tag Überstunden!"
- „Jeder glaubt, er sei der Wichtigste!"
- „Das kann ja wieder was werden, wenn der schon so hereinkommt."

Kommt Ihnen das bekannt vor? Ehrlich?

Was der Klient sagt, ist das eine. Was der Klient damit meint, das andere. Und was Sie als Berater heraushören, hat oft mit beidem nichts zu tun. An arbeitsreichen Tagen und unter Stress würde es nicht wundern, wenn Sie einen Vorwurf oder einen Angriff heraushörten. Und das ist eine häufige Quelle für Missverständnisse und Kommunikationsstörungen.

Als Kommunikationsprofi steuern Sie Situationen und sind ihnen nicht ausgeliefert. Wie geht das? Schauen wir unser Alltagsbeispiel aus dem Berufsleben genauer an:

Dieser einfache Satz kann **vier Bedeutungen** haben:

- **Sachaspekt** („Worüber der Klient Sie/die Institution informieren möchte.") Es könnte eine rein sachliche Feststellung sein. Die Wartezeit war subjektiv/objektiv lang.
- **Appellaspekt** („Wozu der Klient Sie/die Institution veranlassen möchte.") Es könnte auch die Aufforderung sein, mehr Beratungstermine anzusetzen.
- **Beziehungsaspekt** („Was der Klient von Ihnen/der Institution hält.") Dieser Satz könnte auch eine Unmutsäußerung, ein Vorwurf sein.
- **Selbstmitteilungsaspekt** („Was der Sender über sich selbst sagt.") Vielleicht bedeutet dieser Satz, dass das Problem für den Klienten sehr dringend ist und er sehr unter Druck steht.

Vier Seiten einer Nachricht

4.9 Vom Beziehungsohr zum Sachohr

Deeskalation durch Ohrenpflege

Kommunikationstheoretisch ist der Mensch ein Mangelwesen. Er sollte den vier Aspekten entsprechend auch vier Ohren haben. Entscheidend ist, auf welchem Ohr Sie bevorzugt und/oder unreflektiert hören! Sie werden entsprechend reagieren.

Wer immer auf dem Beziehungsohr hört, wird sich ärgern, sich wehren und auf den im vorigen Kapitel von einem Klienten geäußerten Satz hin zum Gegenangriff übergehen: „Sollen wir Tag und Nacht arbeiten? Es gibt ein Privatleben auch noch!"

Sie werden so etwas nicht sagen, aber Sie werden es möglicherweise empfinden. Und schon haben Sie zumindest Anspannung oder Aversion produziert und die Beratungsarbeit ist belastet.

Achtung, Falle!

Versuchen Sie konsequent, nicht alles auf dem Beziehungsohr oder dem Appellohr zu hören. Auch wenn Sie einen Vorwurf empfinden, holen Sie Luft und antworten auf der Sachebene: „Sie haben also lange auf einen Termin gewartet. Worum geht es denn?"

Mit diesem Wissen über Kommunikation können Sie wirksam *deeskalieren* oder sich davor schützen, ungewollt immer wieder in die Beziehungsfalle zu tappen.

Hier einige **Übungssätze**:

- „Wie lange dauert die Erledigung noch?"
- „Wie kommen Sie zu dieser Feststellung?"
- „Welche Ausbildung haben Sie für diese Tätigkeit gemacht?"

(Friedemann Schulz von Thun: Miteinander reden 1. Reinbek 2010)

Die vier Ohren des Empfängers

4.10 Fragetechniken

Frage-Diamant: Auf den Kern des Problems fokussieren

Oft schildern Klienten ihr Thema sehr breit, pauschal oder chaotisch. Andere wiederum sind wortkarg und stellen wenig Information zur Verfügung. Die Frage-Diamant-Technik kann helfen, schneller zum Kern des Problems zu kommen und Klarheit für den Klienten und den Beratungsgegenstand zu gewinnen.

1. Thema auffächern

- Öffnende Fragen:
  - „Wie schaut Ihre Situation gegenwärtig aus?"
  - „Wo gibt es Unterstützung/Probleme?"
- Weiterführende Fragen:
  - „Was sind/waren die Folgen daraus?"
- Verständnis-/Transparenzfragen:
  - „Was ist noch wichtig?
  - „Wovon haben Sie bisher noch nicht berichten können?"

2. Fokussieren, auswählen, bewerten, entscheiden

- Eingrenzende Fragen:
  - „Welche der genannten Fragen sollten wir heute auf jeden Fall bearbeiten?"
  - „Welche Bedingungen muss ein Lösungsmodell unbedingt erfüllen?"
- Abschließende Fragen:
  - „Was werden Sie jetzt konkret tun?"
  - „Wie zufrieden sind Sie mit den gemeinsam erarbeiteten Ergebnissen?"

Literatur:

Werner Vogelauer: Methoden-ABC im Coaching. München 2011

Öffnen und Schließen mit dem Frage-Diamant

4.11 So geht's nicht!

ICH-Botschaft als Methode der Abgrenzung

Muss ich mir als Fachberater eigentlich alles gefallen lassen? Jemand fällt Ihnen trotz Aufforderung, Sie ausreden zu lassen, immer wieder ins Wort, hält Vereinbarungen nicht ein, bringt erforderliche Unterlagen nicht bei, kommt immer wieder zu spät zur Beratung – das soll sich ändern!

Eine Methode, Grenzen deutlich zu ziehen und dabei doch in der Beziehung bleiben können, bietet die ICH-Botschaft.

Dieses Instrument wenden Sie bei **mittleren Störungen** an. Bei Kleinigkeiten lohnt der Aufwand nicht, da genügt eine Bitte oder eine direkte Aufforderung, eine Anweisung. Bei groben Verstößen folgt der Abbruch der Beratung.

Die **Konstruktionselemente**:

- **Beschreiben** Sie genau, welches Verhalten Sie stört. Konkret, keine Verallgemeinerungen, möglichst mit Belegen und Beispielen. Ihr Gegenüber sollte keine andere Wahl haben, als (wenigstens innerlich) zur Beschreibung JA zu sagen. Die exakte Beschreibung ist die Voraussetzung für den Erfolg des Gesprächs.
- Machen Sie klar, welche **Auswirkungen** das beschriebene Verhalten auf Sie oder den Beratungsfortschritt und die Erfolgschancen der Beratung hat. Auch hier sollten Sie noch ein JA abholen können.
- Formulieren Sie, was dieses Verhalten bei Ihnen auslöst. Wählen Sie geeignete **Gefühlsvokabel**: „Es irritiert mich, stört mich, ich kenne mich nicht aus, es enttäuscht mich", bis hin zu „Das ärgert mich!"
- Mit dem **Appell**, was Sie sich wünschen, schließen Sie ab: „Ich möchte/erwarte/hoffe/, dass …"

Beispiel:
„Herr Müller, Sie kommen heute zehn Minuten zu spät zur Beratung, vergangenen Freitag waren es 15 Minuten und am Mittwoch, ich habe Sie damals angesprochen, gar 20. Wir können deshalb nicht pünktlich starten und mein Tagesplan wird schon in der Früh durcheinander gebracht. Das stört mich sehr und ich bin auch irritiert, zumal ich Sie schon auf meinen Wunsch hingewiesen habe. Ich erwarte, dass Sie pünktlich sind."

Die Stärke dieses Instruments liegt in der Kritik des Verhaltens und nicht der Person und dass Sie in der Mitteilung von Ihrem Gefühl ausgehen. Das wird meist sehr ernst genommen. ICH-Botschaft und Kritikgespräch finden ohne Publikum statt, damit Ihr Gegenüber das Gesicht wahren kann. Die ICH-Botschaft hat eher Mitteilungscharakter und ist keine Erörterung oder gar Diskussion.

Literatur:
Thomas Gordon: Die Managerkonferenz. München 2012

Grenzen setzen mit der ICH-Botschaft

4.12 Metakommunikation

„Merken Sie eigentlich auch, ..."

In der Fachberatung kommt es vor, dass man sich „in etwas verrannt" hat, dass **Missverständnisse** entstanden sind, dass der Umgang miteinander nicht konstruktiv ist.

Da ist Metakommunikation gefragt.

„Reden wir darüber, wie wir miteinander reden!" Es wird also die Kommunikation selbst zum Thema der Kommunikation gemacht.

Ist der Kommunikationsprozess gestört und eine vernünftige Fortsetzung des Beratungsgesprächs nicht möglich, muss dies thematisiert werden. Und es kann manchmal Wunder wirken, wenn Sie nicht einfach cool und sachlich weitertun, als wäre alles in Ordnung.

Beispiel:
„Ich versuche seit zehn Minuten, Ihnen die Rechtslage zu erklären, und Sie führen jetzt zum fünften Mal Argumente an, die wir schon außer Streit gestellt hatten. Merken Sie eigentlich auch, dass wir aneinander vorbei reden? Ich möchte das nicht!"

Wie wird's gemacht?

Sie verlassen für einen Moment das Gespräch und betrachten gleichsam aus der **Vogelperspektive**, wie die zwei Gesprächspartner miteinander umgehen. Aus dieser übergeordneten Sicht wird beschrieben, wie das Gespräch verläuft. Metakommunikation verlangt ein wenig Mut und die Bereitschaft, die eigene Wahrnehmung zu offenbaren.

Folgende **Satzanfänge** können helfen:

- „Merken Sie auch, ...?"
- „Schauen wir uns die letzten zehn Minuten unseres Gesprächs an: ..."
- „Fällt auch Ihnen auf, dass ...?"
- „Es ist in unserem Gespräch so ein Pingpong entstanden. Ich möchte das eigentlich nicht. Lassen Sie uns ..."

Manchmal sind solche Gesprächsentwicklungen auch ein Hinweis darauf, dass man zu schnell vorangeschritten ist. Vielleicht müssen Sie wieder einen Schritt zurückgehen.

Deeskalation mit Metakommunikation

4.13 Ziele präzise und positiv formulieren*

Nur wer ein konkretes Ziel hat, wird einen geraden Weg gehen.

Oft kommen Klienten in die Fachberatung mit dem Wunsch, von einem unangenehmen Zustand wegzukommen, ohne eine klare Vorstellung, wohin sie möchten. Etwa ein Klient in der Ernährungsberatung: „Ich möchte nicht mehr so unbeweglich sein! Ich möchte nicht mehr so viel wiegen!"

Durch **Umformulierung** bauen Sie erst einmal eine positive Brücke zum Klienten: „Sie möchten also wieder mit Leichtigkeit auf einen Berg gehen können?" (JA) „Sie möchten wieder Kleidergröße 36 tragen?" (JA)

Nach der Klärung der Sachlage muss das gewünschte **Ergebnisziel** in konkrete **Handlungsziele** zerlegt werden.

Die Konstruktionsformel **SMART** hat sich bewährt:

- **S – Spezifisch.** Ziele werden konkret, eindeutig und präzise formuliert. *„Ich werde 5 kg abnehmen."*
- **M – Messbar.** Es muss ein Status formuliert werden, an dem überprüft werden kann, ob ein Ziel erreicht ist. *„Ich werde 5 kg abnehmen, dann wiege ich 56 kg."*
- **A – Aktivitätsorientiert.** Verwenden Sie positive Formulierungen. Das sind Beschreibungen, was Sie künftig tun werden, also eine beobachtbare Beschreibung des geplanten Verhaltens. Verzichten Sie auf Anweisungen, was *nicht* mehr getan werden soll. *„Im April trinke ich nur Wasser und Fruchtsäfte!"* ist verbindlicher als *„Ich trinke keinen Wein mehr." „Ich gehe alle Treppen zu Fuß!"* und nicht: *„Ich fahre nicht mehr mit dem Lift."*
- **R – Realistisch.** Ziele sollen zwar herausfordernd sein, aber sie müssen nach vernünftiger Einschätzung auch erreichbar sein. Der Satz: *„Wenn ich mich anstrenge, dann schaff ich es!"* sollte immer Gültigkeit haben.
- **T – Terminierbar.** Auch der Zeitbedarf muss realistisch eingeschätzt werden. Jede Zielsetzung muss zu einem festgelegten Zeitpunkt überprüft werden. *„Dieses Gewicht werde ich in sechs Monaten, das ist der 1. Juli, erreicht haben!"*

---

* Gastbeitrag von Prof. Andrea Magnus

Mit der SMART-Formel zum Erfolg

4.14 Straßensperren auflösen*

Sprache der Nicht-Annahme – die Straßensperren der Kommunikation

Nicht wenige Klientinnen und Klienten kommen in die Fachberatung in einem angespannten Zustand und verhalten sich in der Wortwahl und im Auftreten unangemessen. Oft kommen sie auch im Bewusstsein, selber Fehler gemacht zu haben. Im stressigen Arbeitsalltag des Fachberaters werden oft konstruktive Entwicklungen und produktive Problemlösung erschwert oder verhindert, weil der Fachberater unbewusst **kommunikative Straßensperren** (Thomas Gordon) errichtet:

- **Befehlen, kommandieren, anordnen:** „Hören Sie auf, sich zu beklagen!“
- **Drohen, warnen:** „Wenn Sie so weitertun, wird es keine Lösung geben!“
- **Moralisieren, predigen:** „Sie hätten halt nicht …“ „Sie müssten …“
- **Belehren, Vorträge halten:** „Sie sollten den Tatsachen ins Auge sehen …“
- **Verurteilen, kritisieren, beschuldigen:** „Sie haben sich diese Misere selber zuzuschreiben!“
- **Beschimpfen, etikettieren:** „Sie kommen mir vor wie ein Kind, das …!“
- **Trösten, beruhigen, abtun:** „Sie sind nicht der Einzige mit diesem Problem. Beim ersten Mal passiert einem sowas leicht!“
- **Verhören:** „Jetzt sagen Sie schon …“

Die **Sprache der Nicht-Annahme**, wie Gordon diese Art der Kommunikation benennt, lässt den Klienten hören:

- „Du bist schuld!“
- „Du siehst die Dinge nicht richtig!“
- „Du bist nicht so klug wie ich!“ etc.

Die Straßensperren haben eine destruktive Wirkung auf das Arbeitsverhältnis, belasten das Vertrauensverhältnis, verzögern die Öffnung des Klienten und erfordern dadurch mehr Zeit.

* Gastbeitrag von Prof. Andrea Magnus

Erfolgreiche Berater geben den Klienten das Gefühl, angenommen zu werden. Das Hauptwerkzeug dazu ist das Aktive Zuhören – die Sprache der Annahme. (siehe Kapitel 4.7)

Literatur:

Thomas Gordon: Die Familienkonferenz. München 2012

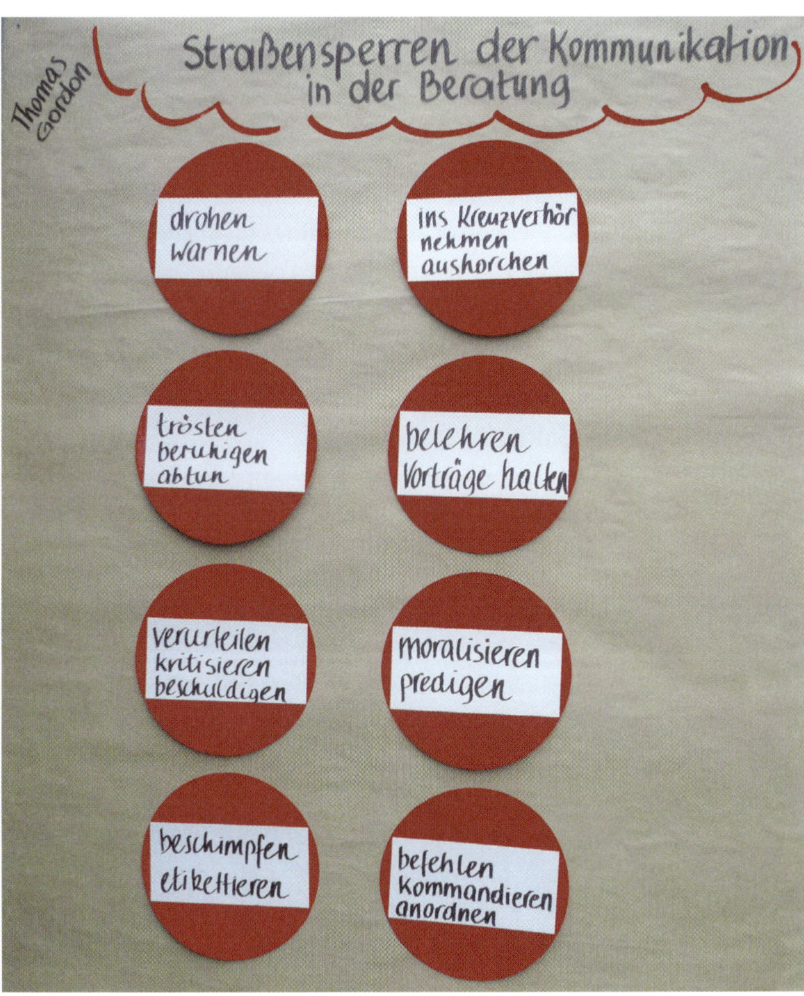

Straßensperren der Kommunikation

4.15 Problemlösung – Machen wir es in Zukunft besser!

Grundsätzlich ist ein Problem die Abweichung eines „Ist" vom „Soll"

Vergangenheit – Gegenwart – Zukunft

Wenn ich ein Problem sehe, bin ich mit dem gegenwärtigen Zustand nicht zufrieden. Sobald ich jemandem das Problem schildere, werden die sachliche und die gefühlsmäßige Seite des Problems im „Jetzt" erkennbar. Sehr schnell landet man auch bei den Ursachen für das Problem. Rasch kennt man die „Schuldigen". Viel besser sind allerdings sachliche Fragen („Wie ist das Problem entstanden?") als emotionale Fragen („Wer ist schuld?"). Aber das Ganze hat nur Sinn, wenn der Blick in die Zukunft gerichtet ist: „Was wünschen wir uns?" und „Wie lösen wir es?"

Führen durch Fragen, nicht durch Sagen

Wenn ich schon von vornherein die Ursachen zu kennen glaube und weiß, was zu tun ist, werden Kreativität und gemeinsame Lösungsfindung erstickt. Viel besser ist eine Fragehaltung. Fragen öffnen, beflügeln und bringen viel bessere Ergebnisse bzw. hohe Identifikation.

Die 1:3-Formel

Manche Menschen haben einen besonderen Hang zur „Vergangenheit". Sie zerreden das Problem, graben sich immer tiefer in die Ursachenforschung und werden dabei stetig missmutiger und kraftloser. Geben Sie der Ursachenanalyse nur ein Viertel der Zeit und verwenden Sie den Großteil für die Zukunft. Problemlösung ist ein Prozess mit dem Ziel, es zukünftig besser zu machen.

Geben Sie Problemlösungsgesprächen eine Struktur:

- Problem erkennen und beschreiben
- Ursachenanalyse
- Zielformulierung: der gewünschte Zustand
- Sammeln und Auswahl von Lösungsvorschlägen
- Entscheidung und Aktionsplan

Denken Sie an die Fragehaltung und die 1:3-Formel.

Literatur:
Werner Vogelelauer: Methoden-ABC im Coaching. Neuwied 2001

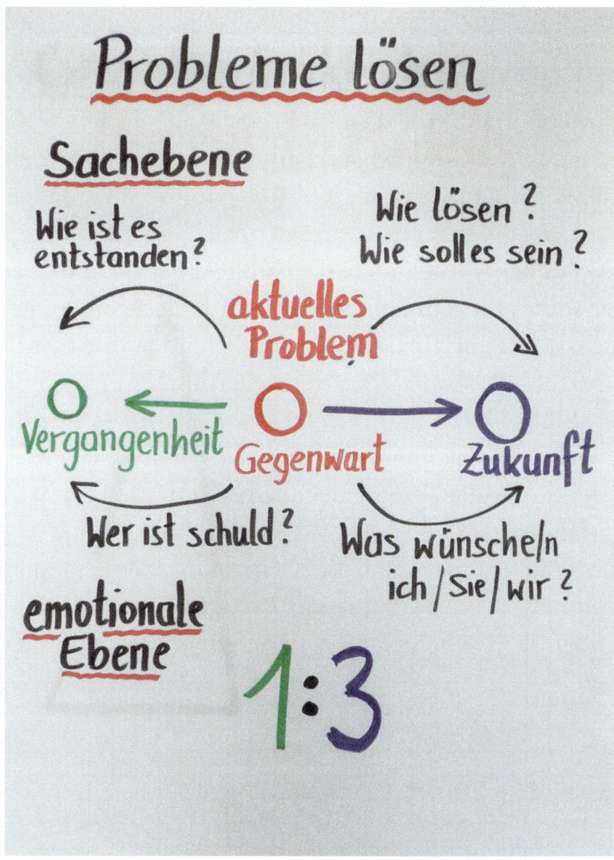

Vom Problem zur Lösung

4.16 Gesprächsh(a)emmer und Türöffner*

*„Ich werde mich vielleicht nicht daran erinnern,
was du gesagt hast, aber sicher daran,
wie ich mich dabei gefühlt habe."*

Sind Sie schon einmal selbst Ratsuchender in einer Fachberatung oder einem Amt gewesen? Wie geht es einem Rechtsanwalt vor Gericht, einem Arzt als Patient, einem Lehrer beim Elternsprechtag, einem Beamten beim Finanzamt? Das ist oft sehr aufschlussreich für die eigene Tätigkeit!

Denken Sie an die **Situation**:

War ausreichend *Zeit* oder fühlten Sie sich gehetzt? Gab es *Störungen* durch Lärm, *Telefon* oder andere Personen oder Ruhe in einer freundlichen Umgebung? Waren die Sitzmöbel ausreichend bequem? Gab es eine klare *Zeitstruktur* und wurde diese auch eingehalten?

Denken Sie an das **Gesprächsverhalten** Ihres Gesprächspartners:

Spürten Sie das Bemühen um *Beziehung*saufbau? Wurde Ihnen zugehört oder ins Wort gefallen und wurden mit *Killerphrasen* Ihre Aussagen abgewertet? Fühlten Sie sich *verstanden* und als Person akzeptiert? Zeigte Ihr Partner souveräne *Sachkompetenz*? Wurde nachgefragt, geklärt, zusammengefasst oder belehrt, moralisiert, Schuld zugewiesen? Hielt Ihr Gesprächspartner *Blickkontakt*? Gab es weiterführende *Denkanstöße*? Waren Sie mit Ihrem Thema im *Mittelpunkt des Interesses*? War Ihr Partner offen und vielleicht sogar angemessen humorvoll? Wie wurden Sie begrüßt? Haben Sie bei der Verabschiedung gewusst, was Sie tun und wohin Sie weitergehen sollten?

Als Fachberater haben Sie durch die Gestaltung der Beratungssituation und durch Ihr Gesprächsverhalten die Chance, Türen zu Ihren Klienten zu öffnen oder die Kommunikation zu hemmen. Das kann niemand für Sie erledigen.

Literatur:

Claudius Hennig: Das Elternberatungsgespräch in der Schule. Donauwörth 2003

---

* Gastbeitrag von Prof. Andrea Magnus

Gute Gespräche ermöglichen

4.17 Umdeuten*

Was ist das Gute vom Schlechten?

Beispiel aus der Erziehungsberatungsstelle:

Elternteil: „Mein Kind braucht bei den Hausübungen ewig. Es ist einfach zu langsam!"

Berater: „Es versucht also meistens, gründlich und sorgfältig zu sein." Oder: „Ihr Kind weiß, wie es sich anstellen muss, um Sie möglichst lange bei sich zu haben!"

Durch Umdeutung wird einer Situation oder einem Geschehen eine andere Bedeutung oder ein anderer Sinn zugewiesen. Das geschieht dadurch, dass man versucht, die Situation in einen anderen Sinnzusammenhang zu stellen.

Vielleicht hilft diese Metapher: Das Problem Ihres Klienten ist ein bestimmter Ausschnitt aus der Abbildung seiner Wirklichkeit. Dieser Ausschnitt ist in einen **Bilderrahmen** gefasst. Ihre Aufgabe als Berater ist es nun, den Bilderrahmen zu wechseln und dadurch einen veränderten Bezugsrahmen zu schaffen **(reframing)**. Dadurch ermöglichen Sie Ihrem Klienten, seine geistige Festlegung zu verlassen. So können neue Vorstellungen und Deutungsmöglichkeiten entstehen.

Durch dieses Kommunikationswerkzeug ist es Ihnen als Fachberater möglich, Szenen in einem anderen Blickwinkel (Rahmen) erscheinen zu lassen. Damit wird es für den Beteiligten leichter, mit der Situation umzugehen.

Beispiel aus der Familienberatung:

Elternteil: „Mein Sohn ist so eigensinnig. Ständig muss er mit dem Kopf durch die Wand!"

Umdeutung: „Er hat ein enormes Durchsetzungsvermögen, ein starker Junge, der weiß, was er will!"

* Gastbeitrag von Prof. Andrea Magnus

Den Rahmen wechseln – neue Sichtweisen ermöglichen

4.18 Gut beraten – Interessen durchsetzen

Klienten suchen oft Fachberatung auf, um zu klären, was ihnen zusteht. Natürlich wollen sie dann auch wissen, wie sie ihre Interessen durchsetzen können. Sie wissen, das Wesentliche an der Durchsetzung von Interessen ist: Man will den anderen dazu gewinnen, den eigenen Standpunkt anzuhören, zu verstehen und demgemäß zu handeln. Wenn möglich soll dabei eine positive Beziehung erhalten bleiben! Durchsetzung, die auf Ausübung von Druck und Zwang beruht, ist langfristig kontraproduktiv.

Voraussetzungen, damit sich Ihr Klient im partnerschaftlichen Sinne durchsetzen kann:

- Der Klient kennt seine Rechte
  Seine Interessen werden dann leichter berücksichtigt, wenn er plausibel machen kann, dass seine Interessen legitim sind. Objektivierbare Kriterien wie Gesetze, Gewohnheitsrecht, ethische Prinzipien, die „übliche Praxis“ und Ähnliches stärken seine Argumentation.
- Der Klient ist sich seiner Interessen und Ziele bewusst
  Sinnvoll ist es, sich nur da um Durchsetzung zu bemühen, wo es wirklich um die Erreichung wichtiger Ziele geht, denn nur dann hat man die Energie, oft mühevolle Durchsetzungsprozesse durchzustehen.
- Der Klient formuliert seine Interessen selbstsicher
  Selbstsicherheit ist eine innere Haltung: „Ich bin o.k. – du bist o.k.“ Diese Haltung ist getragen von innerer Sicherheit, die keine Abwertung des Gegenübers braucht, die darauf vertrauen kann, in einer offenen Kommunikation neue Lösungen entwickeln zu können.
- Der Klient hat Verständnis für die Position des anderen
  Als Grundregel der Kommunikation gilt: Erfolgreich kommunizieren heißt, das Selbstwertgefühl des anderen nicht anzugreifen. Jeder Angriff auf das Selbstwertgefühl produziert Abwehr. Nur wenn das Gegenüber spürt, dass man es wertschätzt und anerkennt, wird es für Anliegen, Forderungen offen sein.
- Der Klient ist sich bewusst, dass das Durchsetzen von Interessen oft ein langfristiger Verhandlungsprozess ist.

Erfolgreiche Durchsetzung bedeutet in den seltensten Fällen sofortige Durchsetzung zu hundert Prozent. In den meisten Fällen ist das Ergebnis ein Kompromiss, mit dem beide Seiten gut leben können. Damit es zu diesem kommen kann, sind Lern- und Umdenkprozesse auf beiden Seiten nötig. Diese brauchen Zeit, vollziehen sich schrittweise, es werden Einzelgespräche geführt, Standpunkte ausgelotet, Verbündete gesucht. Bei einem neuerlichen Zusammentreffen der Verhandlungspartner sind Sichtweisen, Handlungsspielräume schon anders als beim ersten Kontakt. In Schritten führt dieser Prozess zu einer neuen, gemeinsamen Position.

Vom Rat zur Tat

4.19 Wege der Durchsetzung – Verhandeln

Was sagt die andere Seite dazu?

„Menschen haben die Eigenart,
nur das zu sehen, was sie sehen wollen."
(Fisher/Ury/Patton)

Jemandes Anspruch wird nicht erfüllt und er kommt in die Fachberatung. Dabei werden Fakten gesichtet und der (wahrscheinliche) Anspruch formuliert. Wie kann nun dieser Anspruch durchgesetzt werden?

Spätestens hier ist die Sicht der anderen Seite einzubeziehen – wir befinden uns in einem Verhandlungsprozess. Entweder lässt sich außergerichtlich ein Ergebnis erzielen oder das Verfahren wird bei Gericht ausgetragen. Für Verhandlungen, ob außergerichtlich oder bei Gericht, haben Fisher, Ury und Patton mit dem **„Harvard-Konzept"** zwei wichtige Leitprinzipien geschaffen:

1. Beim Feilschen wie im Bazar legt die eine Seite ein überhöhtes Angebot und die andere Seite hält deutlich niedriger dagegen. Nach mehrmaligem Hin und Her gibt es zwar eine preisliche Einigung, aber fast immer begleitet von dem unguten Gefühl, dass man übers Ohr gehauen wurde.

Demgegenüber wird im Harvard-Konzept empfohlen: Suche nach guten sachlichen Kriterien und argumentiere auf dieser Basis. Solche Kriterien können z. B. vergleichbare Fälle, frühere Gerichtsurteile, ortsübliche Preise, Gutachten oder Kalkulationen bezüglich Auswirkungen sein.

2. Beim Feilschen um Positionen (wer Recht hat und wem was zusteht) zeigen sich oft zwei Verhaltensmuster: „Harte" Verhandler sehen im anderen einen Gegner, wollen mit allen Mitteln ihre Position durchbringen, wollen siegen, arbeiten oft auch mit Druck und Drohungen. Demgegenüber sind „weiche" Verhandler bereit, nachzugeben, um den Streit endlich zu beenden und die Beziehung zum anderen nicht völlig zu zertrümmern.

Das Harvard-Konzept hält Gewinner-Verlierer-Strategien nicht für nachhaltig zielführend und schlägt ein eigenes Verhaltensmuster vor:

Halte die beteiligten Personen und die Probleme auseinander: Verhalte dich klar (auch „hart“) in der Sache, aber sei respektvoll (auch „weich“) zu den beteiligten Personen. Nach sachgerechtem Verhandeln können sich beide Parteien auch wieder in die Augen sehen.

Literatur:

Roger Fisher/William Ury/Bruce Patton: Das Harvard-Konzept. Sachgerecht verhandeln – erfolgreich verhandeln. Frankfurt/Main 2001

Verhandeln nach dem Harvard-Konzept

4.20 Sachgerechtes Verhandeln in der Praxis

„Wer will, findet Wege, wer nicht will, Gründe."

Was tun, wenn die andere Seite das Spiel des harten, Druck erzeugenden und kampforientierten Verhandelns praktiziert?

Eine Reihe von Maßnahmen bietet die Chance, den Verhandlungspartner auf die Spur des sachgerechten Verhandelns zu bringen:

- Vielleicht sitzt die andere Seite dem Stereotyp auf: Verhandeln heißt kämpfen. Nur das möglichst große Stück vom Kuchen ist ein Gewinn. Diese Einstellung blockiert oft viel bessere Ergebnisse.
- Die Einstellung: Wir sind Problemlöser! Wir werden es schaffen, unser Problem gut zu lösen.
- Unser gemeinsames Ziel ist ein vernünftiges, sachlich begründetes und dauerhaftes Ergebnis.
- Wir reden auch über Wege, wie wir vorgehen.
- Wir verständigen uns über objektive Entscheidungskriterien.
- Wir probieren, das Denken in Positionen zu überwinden, und stellen die Frage: Worum geht es eigentlich? Das ist die Frage nach den dahinterliegenden Interessen: Die wichtigsten Interessen sind die menschlichen Grundbedürfnisse (Fisher u. a., Seite 78):
  - Sicherheit
  - wirtschaftliches Auskommen
  - Zugehörigkeitsgefühl
  - Anerkanntsein
  - Selbstbestimmung
- Persönliche Angriffe oder Untergriffe werden nicht mit gleicher Münze zurückgezahlt. Anmerkungen wie „Eine Beleidigung macht eine Behauptung auch nicht wahrer" oder die Rückkehr zur Sachebene sind zielführender als ein Schlagabtausch. („Verhandlungs-Judo")
- Bei Drohungen hilft oft die Replik: „Drohungen helfen uns nicht weiter!"
- Tricks mit falschen Fakten, gefälschte Unterlagen oder unklare Vollmachten werden klar aufgezeigt und die Unterlassung als neue Spielregel definiert.

- Dasselbe gilt für die verborgenen Spiele („Hidden Agenda") auf der Beziehungsebene, wenn z. B. dem Gegenüber eine ordentliche Lektion erteilt werden soll oder sich zwei einen „Hahnenkampf" liefern.

In Beratungen und Verhandlungen wird die **zweispurige Gesprächsführung** praktiziert: Einerseits werden rechtliche bzw. fachliche Fragen erörtert und beraten und gleichzeitig wird die emotionale Situation des Gegenübers berücksichtigt und die Beziehung gestaltet.

Personen und Sachen eigens behandeln

4.21 Vom Ärger zur Lösung – Kommunikation in Verhandlungssituationen

„Jede Verhandlung beginnt mit einem NEIN."
(Vera Birkenbihl)

Verhandlungen haben eine Vorgeschichte. Eine Seite hat einen Anspruch geltend gemacht, die andere Seite hat abgelehnt. Das erzeugt Emotionen wie Enttäuschung, Wut und Ärger.

1. Verhandlungen beginnen mit der Ausgangslage, also der Forderung nach dem Anspruch.

Geschickte Richter bzw. Verhandlungsleiter beginnen nicht mit der Darstellung der Positionen, sondern mit dem Verhandlungsziel. Also nicht: „A verlangt von B diesen Betrag", sondern „Ausgangspunkt ist eine Leistung und die noch ausstehende Bezahlung. Wir suchen heute nach einer Lösung, die von beiden Seiten akzeptiert werden kann."

2. Nach oft nur wenigen einleitenden Sätzen kochen die aufgestauten Emotionen hoch. Meist genügt ein Reizwort. Es kommt zu Unterstellungen, Beschimpfungen, Beschuldigungen, der Drohung, bis in die letzte Instanz zu gehen, u. a.

Jetzt ist die Verhandlungsleitung gefordert. Den Beteiligten muss die Möglichkeit gegeben werden, Dampf abzulassen, Beschimpfungen müssen jedoch zurückgewiesen, aber auch der Schilderung des Ärgers (mittels Aktivem Zuhören) etwas Raum gegeben werden. Auf diese Weise gelingt es, die „emotionale Temperatur" auf beiden Seiten zu senken.

3. Nun ist der Weg frei für die sachliche Ebene. Der Schwenk von der Problemfixierung zur Lösungsorientierung ist geschafft. „Was schlagen Sie vor?", „Wie soll der nächste Schritt aussehen?" oder „Haben Sie eine Idee?" sollen einen gedanklichen Raum für Lösungsmöglichkeiten schaffen.

Kommunikation in Verhandlungssituationen

Achtung: In dieser Phase nur Ideen sammeln, noch nicht diskutieren und bewerten. Hat zuvor der Ärger das Blickfeld eingeengt („Tunnelblick"), soll es hier für Lösungen wieder weit werden.

4. Schließlich soll durch Einbeziehung objektiver Kriterien eine haltbare Lösung erzielt werden.

Die Person des Richters bzw. Verhandlungsleiters füllt während dieses Ablaufs unterschiedliche Rollen aus: Sie startet als Gesprächsleiter (1), wird zwischendurch bei emotionalen Ausbrüchen auch zum „Lebensberater" (2), ist danach als Gesprächsleiter teils Moderator, teils Experte (3 und 4). Kommt keine Einigung zustande, ist Richter schließlich auch Entscheider.

Literatur:

Bonhafa/Fucik/Kleindienst-Passweg/Rath: Verhandeln vor Gericht. Zuhören – Verstehen – Vertreten. Wien 2011.

FAIR verhandeln

Eine Kurzformel für die Gliederung des Verhandlungsablaufs bildet das Wort „FAIR":

F akten
A ustausch, Ärger abbauen, Informationen
I deen zur Lösungsfindung
R esultat

Der kleine Prozessleitfaden mit den vier Anfangsbuchstaben bildet gleichzeitig ein Wort mit dem positiven Appell, fair miteinander umzugehen.

Fair verhandeln

Fakten

Austausch, Informationen, Ärger abbauen

Ideen zur Lösungsfindung

Resultat.

FAIR – auch geeignet für eine Vereinbarung über die Gesprächskultur zu Beginn einer Verhandlung

4.22 „Tötet nicht den Boten"

Gute Auskunft – schlechte Nachricht

Manchmal ist die fachlich richtige Auskunft für den Klienten eine schlechte Nachricht. Klienten kommen mit Hoffnungen, Erwartungen, Lösungsvorstellungen bis hin zu fixen Ideen in die Beratung. Oft ziehen sie ungerechtfertigt Schlüsse aus nur scheinbar vergleichbaren Situationen. Das erschwert ihnen die Akzeptanz der rechtlich oder fachlich begründeten Auskunft und führt zu Enttäuschung und Emotion, die oft auch auf den Berater persönlich gerichtet werden.

Beim Überbringen einer zwar korrekten, aber für den Klienten unerfreulichen Nachricht beobachten wir häufig ein fast gesetzmäßiges Reaktionsmuster, auf das Sie als Berater planvoll und hilfreich reagieren können.

Die **Reaktion** von Betroffenen läuft in bestimmten Phasen ab:

1. **Schock, Verleugnung, Abwehr**
In dieser ersten Phase wird oft die Frage „Warum gerade ich?" gestellt. Hüten Sie sich davor, die Nachricht abzuschwächen oder gar zurückzuziehen. Warten Sie ab und wiederholen Sie die Fakten.

2. **Verleugnung**
Drückt sich in Reaktionen wie „Das kann nicht wahr sein!" aus. Geben Sie keinesfalls den Zweifeln nach und machen Sie keine falschen Hoffnungen. Bleiben Sie bei den Fakten.

3. **Frustration, Aggression**
Macht sich mit „Das lasse ich mir nicht gefallen, ich werde mich beschweren!" Luft. Lassen Sie sich nicht provozieren und zeigen Sie Verständnis für die Emotion Ihres Gesprächspartners, nicht für den Inhalt seiner Aussagen.

4. **Trauerarbeit**
Unterstützen Sie den Betroffenen durch das Akzeptieren seiner Gefühle, trösten Sie ihn jedoch nicht vorschnell und machen Sie inhaltlich keinen Rückzieher.

5. **Begreifen**
Am besten unterstützen Sie durch empathisches Da-Sein.

6. **Handeln**
Hier können Sie nach ersten Schritten fragen, nach Aufforderung auch Informationen geben und weiterführende Hilfen anbieten.

Sie agieren professionell, indem Sie diese Phasen kennen, rasch handeln und weder einen Rückzieher noch falsche Hoffnungen machen.

Literatur:

Verena Kast, Trauern. Phasen und Chancen des psychischen Prozesses. Kreuz Verlag 2015

Bad news

Reaktionen	hilfreich	Gefahren
1 Schock, Abwehr, „Warum gerade ich?"	abwarten Fakten wiederholen	entschuldigen relativieren Rückzieher
2 Verleugnung „Das kann nicht wahr sein!"	bei den Fakten bleiben	falsche Hoffnungen machen
3 Aggression „Das lasse ich mir nicht gefallen!"	Verständnis für Emotion	provzieren lassen Gegendruck
4 Trauerarbeit	Gefühle akzepieren	abkürzen beschwichtigen
5 Begreifen Akzeptanz	empathisch DA-sein	drängen verharmlosen
6 Handeln	nächste Schritte	Problem zum eigenen machen

4.23 Veränderung führt zu Konflikten – und zu Beratung*

„Veränderung ist die einzige Konstante im Leben.“

Sich bei Entscheidungen beraten zu lassen heißt, sich verändern und Chancen ergreifen zu wollen. Der erste Schritt ist damit getan, der Wille und der Mut sind da. Jetzt muss geklärt werden, was es konkret ist, das ich hinter mir lassen will, und was ich Neues erreichen und umsetzen möchte. Wichtige Frage dabei: Was wünsche ich mir für die Zukunft?

Um die Möglichkeiten einer Veränderung im Hinblick auf das soziale (berufliche) Umfeld aufzuzeigen, gibt es die systemische Beratung. Sie ermöglicht es, die Vernetzungen und Strukturen der Gegebenheiten zu erkennen, und hilft dabei, neue Lösungen zu definieren.

„Systemische Beratung gründet mit dem Klienten ‚ein Unternehmen auf Zeit‘, um in einem gelungenen Mix von Zielfokus und Offenheit Veränderung voranzubringen.“ (Boos et al., 2004, Seite 73). Der Soziologe Dirk Baecker bringt den Zusammenhang in ein Bild:

Veränderungen sind Tatsachen. Sie markieren den Unterschied zwischen vorher und nachher. Betroffene sehen, dass sich etwas verändern muss. Der Berater sieht die Situation von außen und bringt seine Sichtweise ein. Er kann einen Bezug herstellen zwischen Veränderung und den Verhältnissen, was hier als „Streit“ bezeichnet wird. Der Streit ist damit gleichzeitig eine Chancendarlegung. Die Beratung ist also die Vervollkommnung des Kontextes von Veränderung und Streit.

Es gilt: **„Die Form der Veränderung ist der Streit.“** (Baecker in Boos et al., 2004, Seite 46)

Diesen Streit zu moderieren und den Streitenden Möglichkeiten für die Zukunft aufzuzeigen, das ist die Aufgabe des Beraters.

Literatur:

Frank Boos/Barbara Heitger (Hrsg.): Veränderung – systemisch. Management des Wandels. Praxis, Konzepte und Zukunft. Beratergruppe Neuwaldegg 2009

* Gastbeitrag von Irene Buchacher, Universität für Bodenkultur Wien

Veränderung → Streit → Beratung

Veränderung = Veränderung

Veränderung wird notwendig.

„Streit" = Veränderung | Verhältnisse

Veränderung wohin? Wer will was?

Innere Konflikte | Konflikte zwischen Beteiligten.

Beratung = Veränderung | Verhältnisse

Beratung wirkt:

- Situation wird von außen und im Kontext betrachtet.
- Ideen kommen auf den Tisch.
- Eine optimale Lösung entsteht.
- Der Kreis schließt sich.

Beratung begleitet Veränderung.

Ein Beispiel aus der Landwirtschaft

Anhand des folgenden Beispiels kann man diese drei Relationen gut darstellen:

Ein junger Landwirt übernimmt mit seiner frisch angetrauten Frau den Bio-Milchviehbetrieb seines Vaters. Aufgrund einer neuen gesetzlichen Regelung steht ein Umbau des Stalls an, der den Jungbauern dazu zwingt, einen größeren Kredit aufzunehmen. Der denkt über seine Zukunft nach. Im Falle einer Investition gilt es abzuwägen: Will er wirklich einen neuen Stall für Milchkühe bauen oder stellt er seinen Betrieb auf Ackerbau um und verwendet das Geld der Bank lieber für den Zukauf von Maschinen?

Um die richtige Entscheidung zu treffen, geht der junge Landwirt in die Fachberatung. Bei dem ersten, längeren Beratungsgespräch wird schnell klar, dass es dem Landwirt nicht so leichtfällt, eine Veränderung vorzunehmen, weil viele „Verhältnisse" einen inneren Konflikt verursachen. Einerseits hat er selbst das zwei Mal tägliche Melken der Kühe satt; der Milchpreis, den er erzielen kann, ist minimal. Andererseits hatte sein Vater, der Senior-Landwirt, immer Kühe und auch der Großvater bewirtschaftete den Hof auf diese Weise. Der Betrieb ist seit jeher ein Milchviehbetrieb und im Ort bekannt. Die frisch angetraute Frau des jungen Bauern wäre indes sehr für eine Veränderung, denn auch sie hat keine Lust auf das tägliche Melken. Ihr Wunsch wäre es, den Hof auf die Haltung von Freilandgänsen umzustellen, woran der junge Landwirt bislang noch nie gedacht hat, da er ja auch gar nichts über die Haltung dieser Tiere weiß. Andererseits erzielt man mit Gänsen aus biologischer Haltung gute Preise, denkt er, und der Betrieb weist genügend Grünland auf.

An diesem Beispiel wird deutlich: Oft ist es sehr schwierig, die richtige Entscheidung zu treffen. Viele Faktoren wie Wirtschaftlichkeit, die Tradition der Bewirtschaftung, die mitunter abweichenden Vorstellungen von (Lebens-)Partnerinnen etc. spielen eine große Rolle. Jede Veränderung führt durch die daran gekoppelten Verhältnisse unweigerlich zum „Streit". Solche Situationen zeigen, wie wichtig Hilfe in Form von Fachberatung und Prozessberatung (im Konfliktfall) ist, um die Chancen, die Veränderungen bieten, optimal nutzen zu können.

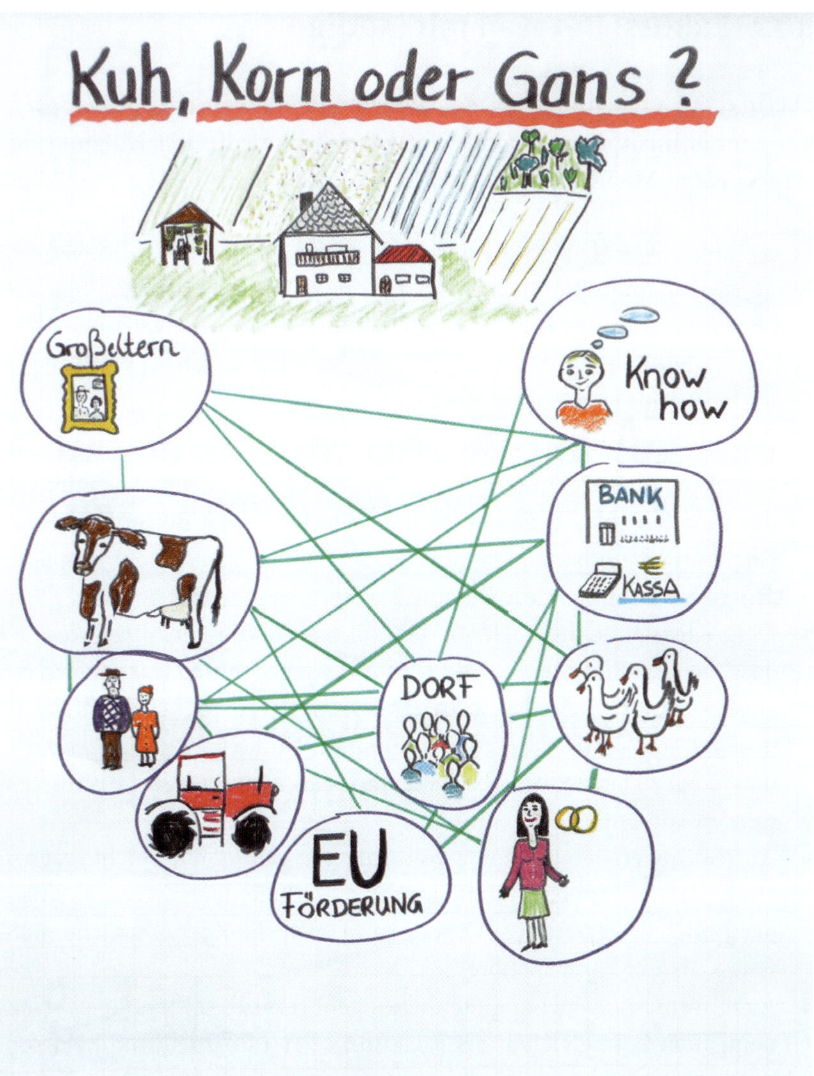

Faktoren und Verhältnisse

4.24 Exkurs: Beraten mit Medien

Die massive Einschränkung der Sozialkontakte während der Corona-Krise im Frühjahr 2020 hat eine Turboentwicklung bei der Nutzung verschiedenster Medien für Besprechungen und Beratungen zur Folge. Home-Office und Videokonferenz sind zur Normalität geworden. Waren Telefon und E-Mail schon bisher wesentliche Medien der „mittelbaren" Beratung, kommen die Bildmedien nun flächendeckend hinzu. Sie werden ihren Platz in der Beratung behaupten. Die Allgegenwärtigkeit und Selbstverständlichkeit des Telefons gebietet es, dass wir uns mit dieser Form der Beratung genauer befassen:

- Um den Klienten gut zu verstehen und sein Anliegen erfassen zu können, ist es wichtig, einen ruhigen Arbeitsplatz zu haben. Auch der Ort des Klienten sollte geeignet für eine Beratung sein. Befindet sich der Klient an einem lauten Ort oder einem Ort mit schlechtem Empfang, sollten Sie ihn bitten, die Beratung später fortsetzen zu können.
- Dem Klienten sollte auch am Telefon das Gefühl vermittelt werden, dass Sie sich Zeit für ihn und sein Anliegen nehmen. Das zeigen Sie am besten, indem Sie ihn ausreden lassen. Vor allem bei Klienten, die in einer emotional schwierigen Situation sind, ist es wichtig, sie erst mal reden zu lassen, bevor Inhalte und Maßnahmen näher besprochen werden können.
- Am Telefon zu beraten heißt, vom Klienten gehört, aber nicht gesehen zu werden. Dennoch sollten Sie sich so verhalten, als wäre der Klient persönlich anwesend. Der Klient kann zwar die Körpersprache nicht sehen, aber er kann sie hören.
- Auch wenn viel Körpersprachliches gehört wird, sollten Sie es trotzdem nicht beim Nicken als Reaktion oder Rückmeldung belassen, sondern vielmehr mit verbalen Äußerungen wie Hm, Aha, Ja und Ähnliches signalisieren, dass Sie aufmerksam beim Gesprächspartner sind.
- Sind Sie nicht der richtige Ansprechpartner oder können Sie das Anliegen des Klienten nicht selbst bearbeiten, so ist auch hier Überweisungskompetenz wichtig. Redewendungen wie: „Bei mir sind Sie ganz falsch" oder „Ich bin dafür nicht zuständig" erzeugen nur Frustration.

An diese Stelle ist es besser zu sagen: „Expertin ist …, ich verbinde Sie zu Herrn/Frau …“ oder „Zur Klärung dieser Frage verbinde ich Sie gerne mit der Abteilung für …, mit Frau/Herrn …“

Rat auf Draht

Das Gespräch

Bei der **Begrüßung** sollten Sie besonders verständlich und langsam sprechen. Hastiges Sprechen vermittelt dem Klienten den Eindruck, dass Sie keine Zeit für ihn haben.

Als Berater sind Sie für die Gesprächsführung während des Telefonats verantwortlich. D. h. Sie sollten durch Aktives Zuhören und Fragetechniken das **Anliegen des Klienten erfassen** und konkretisieren. Unterstützen Sie den Klienten dabei, sein Anliegen zu formulieren, indem Sie ihm rückmelden, was Sie bereits verstanden haben.

Wenn Sie bereits im Erstgespräch Lösungen entwickeln konnten, schließen Sie das Gespräch ab und freuen Sie sich gemeinsam über den Erfolg.

Sollten weitere Gespräche notwendig sein, **stimmen** Sie mit Ihrem Klienten die **folgenden Schritte ab**. Geeignete Redewendungen dafür wären z. B.: „Lassen Sie uns wiederholen, was zu tun ist", „D. h. Sie kümmern sich um die Beibringung der Unterlage und ich schreibe inzwischen an … und am … verständigen wir uns über die nächsten Schritte. Rufen Sie mich bitte am/um an."

Gegen Ende des Telefonats ist es ratsam, das Gespräch und die daraus entstandenen **Punkte zusammenfassen**, um mit dem Klienten das Ergebnis festzuhalten und das Gespräch gut abzuschließen oder ihn allenfalls kompetent weiter zu verweisen.

Bildmedien

Alle Gesprächsempfehlungen sind auch bei Bildmedien, also Gesprächen über Video, hilfreich. Bei Bildmedien ist besonders auf die Umgebung und den Bildhintergrund zu achten, die richtige Platzierung der und der Abstand zur Kamera können die Wirkung unterstützen.

Achtung: Die verführerisch große Zahl von Anbietern auf dem Videochat-Markt zu günstigen Bedingungen birgt die große Gefahr in sich, dass der Datenschutz nicht ausreichend gewährleistet ist. Gerade Berater in der Fachberatung müssen den Datenschutz eindeutig sicherstellen.

Beratung per E-Mail

Für die Beratung von Klienten per E-Mail brauchen Sie Zeit und Ruhe. Dass Berater und Klient zeitlich entkoppelt sind, ist ein unschätzbarer Vorteil, allerdings erhält bei aller ohnehin beachteten Sorgfaltspflicht hier die Schriftlichkeit ein besonderes Gewicht. Wenn Anwälte davon reden, dass „jedes Schrifterl ein Gifterl" sei, so trifft das auf die schriftliche Auskunft in der Beratung ebenfalls zu. Schreiben Sie also sachlich fundiert und nicht aus der Emotion oder einem Impuls heraus!

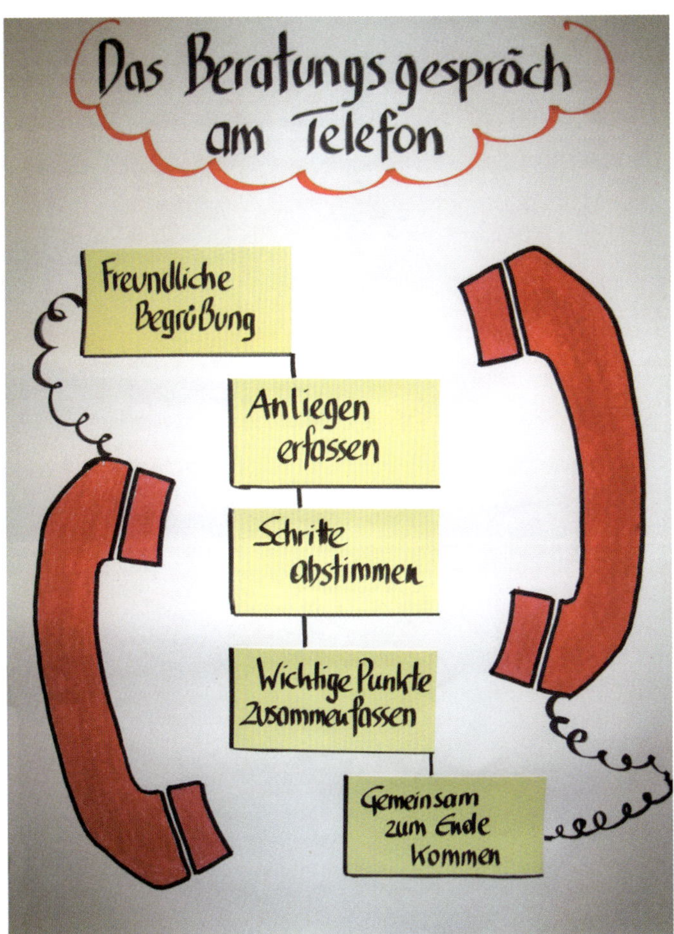

Beratung am Telefon

Kapitel 5

Visualisierung und andere kreative Techniken in der Beratung

Visualisierungen sollen den Blick auf das Wesentliche lenken: Sie sollen Inhalte in Form eines Bildes ergänzt durch Texte sichtbar machen und verdeutlichen. Durch weitere kreative Techniken werden Sachverhalte, Handlungsoptionen, Perspektiven und Lösungswege sinnfällig gestaltet, so dass sie verständlicher, anschaulich und einprägsam werden. Einige bewährte Techniken werden im folgenden Kapitel vorgestellt.

5.1 Visualisierung in der Fachberatung

„Das durchschaue ich nicht!" – „Das sehe ich ein!"
„Mir fehlt der Durchblick!" – „Da sehe ich klar!"
„Das sehe ich nicht ein!" – „Mir wurden die Augen geöffnet!"
In der Fachberatung geht es oft darum, dass eine Rat suchende Person „etwas einsieht, klarer sieht, Durchblick gewinnt" und wieder Ziele vor Augen hat. Dabei kann uns **Visualisierung** helfen.

Dabei erwischen Sie zwei Fliegen mit einer Klappe:

- Zum einen erzeugen Sie eher Verständnis, Einsicht und Akzeptanz bei den Klienten,
- zum anderen ersparen Sie sich als Fachberater viel Zeit, denn „ein Bild sagt mehr als tausend Worte".

Die radikalste Form der Visualisierung ist der Lokalaugenschein durch das Gericht oder die Mängelfeststellung auf der Baustelle vor Ort durch den Sachverständigen. Fotos, Skizzen, Pläne oder Ablaufschemata erklären ebenfalls sehr konkret Sachverhalte oder Situationen.

Ein **Beispiel** zum Kindesunterhalt:

„Es geht um die Unterhaltserhöhung Ihres minderjährigen Sohnes Kevin um 500 €, der Kindesvater bietet 350 €, damit liegen Sie 150 € auseinander. Im Fall einer Einigung kann bei Gericht sofort entschieden werden, sonst führt das über Gutachten zu Kosten, Gegengutachten, langer Verfahrensdauer. Hier müssen Sie eine Entscheidung über das weitere Vorgehen treffen."

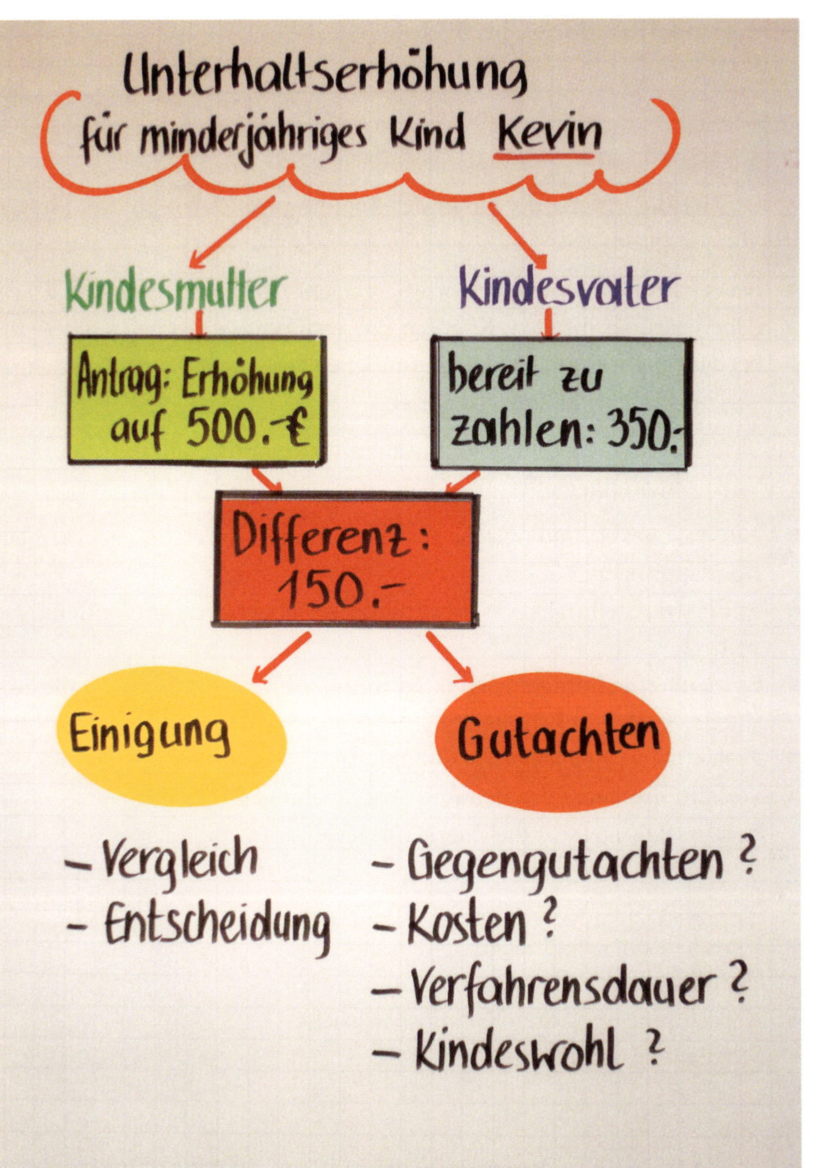

Erfolgreicher beraten mit Bildunterstützung

Dinge und Situationen im Bild

„Das also ist des Pudels Kern!"
(Johann Wolfgang von Goethe)

Visualisierung unterstützt Sie in der Beratung besonders in drei Phasen des Beratungsablaufs:

- bei der Erfassung dessen, worum es eigentlich geht,
- dabei, darüber mit dem Klienten Einverständnis zu erzielen, und
- bei der Entwicklung von Lösungsmöglichkeiten und der Vorwegnahme von möglichen Zukunftsszenarien.

Bei welchen Themen könnte **Veranschaulichung hilfreich** sein? Bei Sachverhaltsdarstellungen aller Art – hier einige Anregungen:

- Zeitverläufe: chronologische Abfolgen, Dauer in Relation zueinander, Überlappungen, Lücken
- Außerstreitstellungen: Was ist schon gesichert, was noch offen, was strittig?
- Firmenverflechtungen: Organigramme, Mütter und Töchter, Besitzanteile, Kommunikationswege
- Projektpläne: Zeitschienen, Organisation, …
- Verfahrenspläne: Eckdaten und Weggabelungen
- Voraussetzungen für die Zuerkennung einer Invaliditätspension
- Gegenüberstellungen
- Erbrechts- und Verlassenschaftsfragen
- Unterhaltsentscheidungen
- Grundstücksskizzen oder Flugaufnahmen
- Anrechnungsverfahren, Urlaubsansprüche
- Schadenersatzansprüche

Beispiel:
Nach einem Unfall stellt ein geschädigter Klient die Frage: „Worauf habe ich Anspruch? Was steht mir zu?" Die schnelle Skizze oder ein standardisiertes Blatt bringen schnell Klarheit.

Was steht mir zu?

Worauf Sie Anspruch haben könnten?

Schadenersatzanspruch		
	ja	nein
Schmerzensgeld	✓	
Verdienstentgang	✓	
Heilbehelfe		✓
Pflegekosten		✓
Haushaltshilfe	?	
Generalunkosten	?	

Mit Checklisten strukturieren

Werkzeuge und Tipps für die Visualisierung

„Ein Teil des Talents ist die Courage."
(Bert Brecht)

Visualisierung ist keine Hexerei und der Aufwand hält sich in Grenzen.

Was brauchen Sie dazu?

Da Fachberatungen fast ausschließlich in Büros oder Ordinationen stattfinden, haben Sie alles Nötige zur Hand:

- einige Blätter Papier A4 oder A3
- verschiedenfarbige Post-its,
- verschiedenfarbige Stifte
- und möglicherweise sogar ein Flipchart.

Am besten einfach ausprobieren. Viele Dinge lernt man nur durchs Tun. Und wie Bert Brecht sagt, entsteht ein Teil des Talents dadurch, dass man sich was traut.

Welche Ingredienzien brauchen Sie für gelungene **Strukturbilder**?

- **Geometrische Formen:** Kreise, Rechtecke, Dreiecke und dergleichen sind leicht mit der Hand gezeichnet. Es gibt aber auch Klebeetiketten (Post-it) in vielen Formen und Farben. Und die Moderationsköfferchen sind wahre Fundgruben.
- **Text** für die Beschriftung: Hier müssen Sie sich in nobler Zurückhaltung üben: wenig, wenig, wenig!
- **Verbindungen:** Da bieten sich Linien, gestrichelte Verbindungen, Pfeile, Wellenlinie an.
- **Symbole:** Mit Hilfe von Symbolen können Sie den Verbindungen Qualitäten zuordnen: Herz, Blitz, Fragezeichen, Rufzeichen, Krokodil, Knäuel können die Beziehung zwischen Strukturelementen eindrücklich verbildlichen. Mit Linien und Symbolen stellen Sie räumliche, zeitliche, kausale, logische, emotionale und viele andere Beziehungen dar.
- Mit **Pfeillinien** lassen sich auch sehr abstrakte Begriffe darstellen.

Gestaltungstipps:

- Vorsicht vor Überladung
- Von links nach rechts, von oben nach unten
- Schrittweise entwickeln
- Farb- und Formlogik bewusst einsetzen

Literatur:

Walter Buchacher/Josef Wimmer: Das Seminar. Wirksam vortragen und lebendige Seminare gestalten. Wien 2006

Gestaltungstipps

Cui bono? – Lohnt sich der Aufwand?

Visualisierung ist vor allem bei unvertretenen Klienten von großer Bedeutung, d. h. überall dort, wo ein Klient nicht von einer rechtskundigen Person, z. B. einem Anwalt oder Vertretern der Rechtsabteilung einer Kammer, vertreten wird. Gerade für fachlich sehr versierte und sprachlich besonders eloquente Berater ist das Hilfsmittel der Visualisierung auch eine Möglichkeit der **Selbstdisziplinierung**:

- Sie verlangsamen Ihren Redefluss, so dass der Klient Ihnen folgen kann.
- Sie reduzieren Ihre Ausführungen auf das Wesentliche.
- Sie wählen ein adäquates und somit verständliches Sprachniveau.

Mit Ihrem „Bild" geben Sie einem Sachverhalt jene **Struktur**, wie Sie von Ihnen verstanden worden ist. So kann der Klient leicht Korrekturen anbringen oder Ihre Auffassung der Problemlage bestätigen. Die oft sehr komplexen Sachverhalte einfach, klar, übersichtlich und folgerichtig zu gliedern, ist die Fähigkeit des guten Beraters. Und nur wer das Thema wirklich durchdrungen hat, erkennt das Wesentliche. Anhand dieses veranschaulichten **Problemaufriss**es können Sie punktgenau darstellen,

- wo Lösungen ansetzen können,
- wo noch Differenzen bestehen,
- was außer Streit gestellt werden kann,
- wer noch beteiligt ist,
- wo Ihr Klient im Recht ist und wo nicht,
- wo noch Unterlagen beigebracht werden müssen,
- welche Richtungen eingeschlagen werden können.

Beispiel:
Ein Klient hat eine Räumungsklage erhalten und kommt in die Mietrechtsberatung mit der Frage, ob er die Wohnung behalten kann. Der Fachberater skizziert den gesetzlichen Weg und stellt die gemeinsame Lösung gegenüber.

Schwierige Abläufe verständlich machen

5.2 Brainstorming, Punktkleben & Co. – Tools aus dem Moderationskoffer

Methoden und Medien aus der Moderation können in der Fachberatung auf vielfältige Weise unterstützend eingesetzt werden. Vielleicht braucht es bisweilen etwas Mut, um den gewohnten Weg des Nur-Redens zu verlassen. Der Benefit ist oft ein doppelter: mehr Wirksamkeit in kürzerer Zeit. Hier einige erprobte und leicht nutzbare Beispiele:

Brainstorming

ist die wahrscheinlich bekannteste Methode zur Ideenfindung. Für die Phase des Gedankensturms wird die Enge bisherigen Überlegens gesprengt, Rahmenbedingungen bleiben ausgespart, vorerst wird nicht kritisiert. Durchführung:

- Finde möglichst viele Ideen, auch ungewöhnliche, ohne Rücksicht auf Qualität oder Umsetzbarkeit.
- Schreibe die Ideen gut sichtbar auf, z. B. auf Post-its, jede Idee auf ein eigenes.
- Berater macht mit oder unterstützt durch weiterhelfende Impulse.

Nach der Phase der Ideensammlung wird das Ergebnis ausgewertet, geordnet und auf Verwendbarkeit besprochen.

Eine sehr geeignete Ordnungsvariante für die Zettelchen aus dem Brainstorming ist die

Mindmap (nach T. Buzan)

Dabei steht das Hauptthema oder Problem in der Mitte. Die daraus hervorgehenden Äste enthalten thematisch zusammengehörende Lösungsideen. Alles ist auf einen Blick sichtbar.

Pro-Kontra-Tabelle

Was spricht für und was dagegen, z. B. eine Austragung des Streits vor Gericht. Auch hier ist gut lesbares Mitschreiben hilfreich. Eine Bewertung der einzelnen Punkte zeigt dann rasch eine Tendenz oder ein Ergebnis.

Positionierung durch Punkt-Bewertung

Welche Bedeutung hat ein Aspekt, der gerade besprochen wird, für den Klienten eigentlich? Ein Punkt oder Kreuz auf einer zehnstufigen Skala bringt rasch Klarheit.

Literatur:
Josef W. Seifert: Visualisieren, Präsentieren, Moderieren. Offenbach 2000

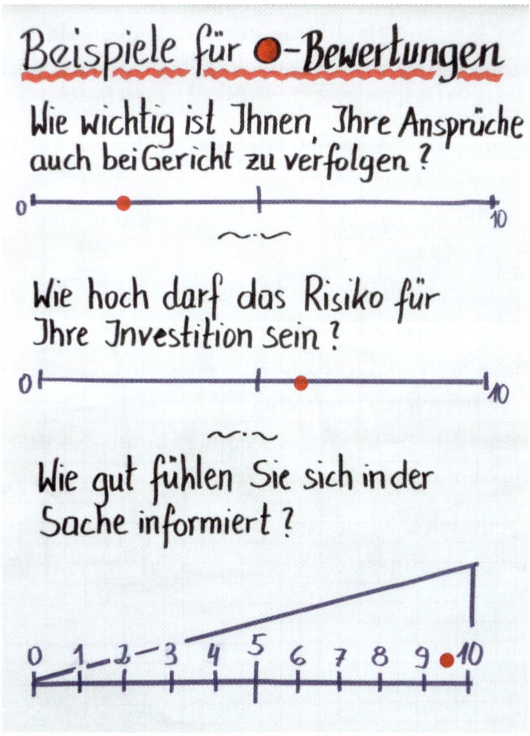

Ein Punkt sagt mehr als …

5.3 Time-Line – wie sich etwas entwickelt hat

„Eine Linie sagt oft mehr als 1000 Worte."

Manche Klienten können sich mit einer kleinen Zeichnung leichter ausdrücken als mit Worten. Eine Verlaufskurve ist ein einfaches und sehr hilfreiches Beratertool, um einen Hergang zu skizzieren.

Wenn es z. B. darum geht, darzustellen,

- wie die Situation am Arbeitsplatz bisher erlebt wurde,
- wie die Beziehung zum Nachbarn bisher war,
- wie sich der eigene Betrieb entwickelt hat usw.,

Kann eine Time-Line rasch und auf einen Blick Aufschluss geben.

Durchführung:

- Zeichnen Sie eine waagrechte Gerade und wählen Sie darauf einen geeigneten Zeitabschnitt (z. B. zehn Jahre zurück, heute und drei Jahre in die Zukunft).
- Markieren Sie auf einer senkrechten Achse die Erlebnisqualität (positiv – negativ).
- Lassen Sie nun den Klienten seine Erlebenskurve (Time-Line) eintragen.
- Besprechen Sie die Auslöser und Umstände für die Höhen und Tiefen. Vielleicht lassen sich aus den Höhen Ressourcen für die Lösung der jetzt anstehenden Probleme nützen. Vielleicht schöpft der Klient aus überwundenen Tiefen Zuversicht.
- Die Positionierung beim Weiterzeichnen in die Zukunft enthält Hinweise für die Anliegen, Ziele und Vorgehen.

So trägt eine „einfache" Linie viel zu Verständigung, Klarheit und dem Lösungsweg im Beratungsprozess bei.

Literatur:

Rene Reichel/Reinhold Rabenstein: Kreativ beraten. Münster 2001

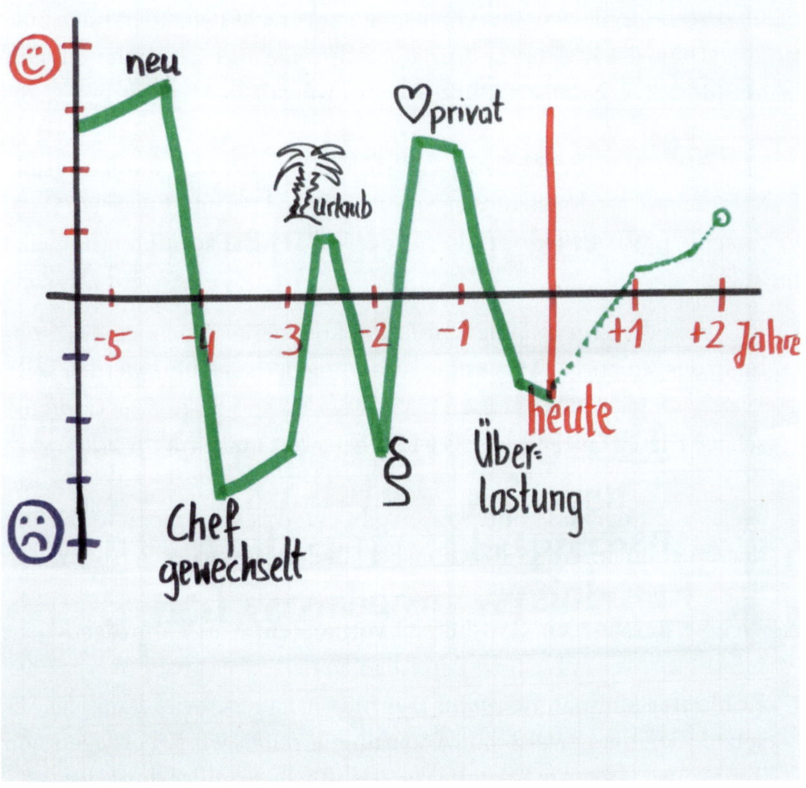

Entwicklungsverläufe darstellen

5.4 U-Prozedur

Lösungen anstreben mit System – in fünf Schritten vom Problem zum Handeln

Den Anstoß für den Besuch einer Fachberatung gibt oft ein gewisser *Leidensdruck* oder *Veränderungswunsch* in einem Lebensbereich. Man kann sich die Miete nicht mehr leisten, kommt mit der Kindererziehung nicht mehr zurecht, fühlt sich am Arbeitsplatz ungerecht behandelt oder man ist überschuldet – mit der U-Prozedur haben Sie als Fachberater ein einfaches Modell, wie Sie strukturiert vom Problem zu Maßnahmen kommen können.

Gehen Sie mit Ihrem Klienten alle fünf Schritte durch, das lohnt sich. Der vermeintlich schnellere Weg von 1 („Was soll geändert werden?") sofort nach 5 („Was ist zu tun?") erfordert oft im Nachjustieren ungleich mehr Zeit.

1. Wie sieht die **gegenwärtige Situation** konkret aus? Genaue Beschreibung der Situation, für die eine Änderung herbeigeführt werden soll.
2. Welches **Ziel** streben wir an? Wie soll die geänderte Situation aussehen? Dieser Zustand soll als wünschenswert und attraktiv erlebt werden.
3. Welche **Hindernisse** und Ängste gibt es? Was steht einer Änderung der Situation im Wege? Beachten Sie Hindernisse in der Person und in den Rahmenbedingungen.
4. Welche **Ressourcen** sind bereits vorhanden? Was kann der Klient selbst tun? Wer unterstützt den Klienten in dieser Situation?
5. **Konkreter Maßnahmenplan:** Was muss getan werden, damit das gesetzte Ziel, die gewünschte Änderung, erreicht wird? Festlegen von Tätigkeiten und erste Schritte. Die schriftliche Beantwortung der „W"-Fragen hat einen hohen Verbindlichkeitscharakter.

Ihr Klient ist zufrieden, wenn nach gemeinsamer Erörterung der fünf Schritte am Ende ganz konkrete Aufgaben stehen. Aus einem Problem sind also Aufgaben geworden, aus Zielen Maßnahmen.

Lösungen anstreben mit System

5.5 SPOT-Matrix

Von der Auskunft zur Entscheidung

In der Fachberatung liegt der Fokus auf fachlichen Auskünften. Die Praxiserfahrung zeigt allerdings, dass Klienten oft für *Unterstützung bei der Entscheidungsfindung* dankbar sind. Mit der SPOT-Matrix haben Sie als Fachberater ein Analyse- und Diagnoseinstrument, wenn für Ihren Klienten Entscheidungen anstehen. So bietet die SPOT-Matrix eine Struktur für die Denkarbeit und zielgerichtete Beratungsgespräche.

Aus den Koordinaten „Gegenwart – Zukunft" und „positiv – negativ" werden vier Felder konstruiert:

- Feld 1: **S – Strengths:** Gegenwart – positiv
  - Was läuft gegenwärtig gut?
  - Wo sind die Stärken des Klienten in Bezug auf die Problemlage?
  - Worauf kann er auch stolz sein?
- Feld 2: **P – Problems:** Gegenwart – negativ
  - Was läuft nicht gut?
  - Wo liegen die Probleme des Klienten?
  - Wo liegen die Schwierigkeiten?
- Feld 3: **O – Opportunities:** Zukunft – positiv
  - Wo liegen die Möglichkeiten des Klienten?
  - Was hat er nach einer Veränderung für Chancen?
  - Welche Ressourcen nutzt er noch nicht?
- Feld 4: **T – Threats:** Zukunft – negativ
  - Wenn Ihr Klient die Veränderungen durchführt, wo lauern die Gefahren?
  - Welche Unwägbarkeiten kommen auf ihn zu?
  - Mit welchen Bedrohungen muss er rechnen?

Im Beratungsgespräch werden die Felder gefüllt. Danach wird daran gearbeitet, wie aus problems und threats strengths and opportunities gemacht werden könnten.

Durch eine *Bepunktung* kann auch eine *Bilanz* dargestellt werden, ob für eine Veränderung die positiven oder negativen Faktoren überwiegen. Damit schaffen Sie solide *Entscheidungsgrundlagen.*

Literatur:

Hans Glatz/Friedrich Graf-Götz: Organisationen gestalten. Neue Wege und Konzepte für Organisationsentwicklung und Selbstmanagement. 4. Auflage, Weinheim 2003

Gute Entscheidungen treffen

Kapitel 6

Notfallkoffer für schwierige Situationen

Fachberaterinnen und Fachberater brauchen in ihrer Arbeit umfassende Kompetenzen: Sie sind mit fachlichen, sozialen und psychologischen Problemen konfrontiert, die eine professionelle und sensible Handhabung des Instrumentariums „Beratung" erforderlich machen. Dieses Kapitel beschäftigt sich mit „schwierigen" Beratungssituationen und soll helfen, das persönliche Beratungsrepertoire zu vertiefen und zu erweitern.

6.1 Schwierige Beratungssituationen

Schwierige Beratungssituationen können vielfältige Ursachen haben: Diese können einerseits im Problem bzw. seiner – vermeintlichen – Unlösbarkeit, andererseits bei den Betroffenen liegen, wenn diese für keinerlei Lösung zugänglich zu sein scheinen oder durch ihr Verhalten jede Beratung unmöglich machen.

Verhaltensweisen von Klienten können Berater also in Schwierigkeiten bringen und dies erzeugt meist Stress: Im Moment ist der Berater überfragt, wie er reagieren soll. Stress erhöhend wirkt zudem, wenn der Berater beispielsweise keinen „guten Tag" oder eine ungeklärte persönliche Abneigung gegen einen Klienten hat.

Während die Schwierigkeit im ersten Fall auf der Inhaltsebene entsteht, entsteht sie in den beiden anderen Fällen auf der Beziehungsebene.

Zwischen beiden Ebenen besteht eine Wechselwirkung: Schwierigkeiten auf der Beziehungsebene blockieren oft den inhaltlichen Aspekt, so dass auch naheliegende Lösungen nicht mehr in den Sinn kommen. Eine komplizierte sachliche Problematik beeinträchtigt umgekehrt eine gute Beziehung.

In schwierigen Situationen sollten Berater ihr Augenmerk in erster Linie auf den Beziehungsaspekt lenken, ehe sie an eine rein sachliche Problemlösung denken können.

Dass es hierfür keine einfachen Rezepte geben kann, ist selbstverständlich. Eine Voraussetzung für Handeln in schwierigen Situationen besteht darin, Verständnis für die eigenen Emotionen und die des Gegenübers zu entwickeln. Neben diesem Verstehen kann das Beachten bestimmter Prinzipien viel dazu beitragen, solch schwierige Situationen zu entschärfen. Jeder Berater wird darüber hinaus selbst zu entscheiden haben, an welchen Punkten er bei sich ansetzen muss, und sich die entsprechende persönliche Strategie zurechtlegen.

Schwierige Situationen lassen sich nicht vermeiden – einige finden Sie in diesem Buch.

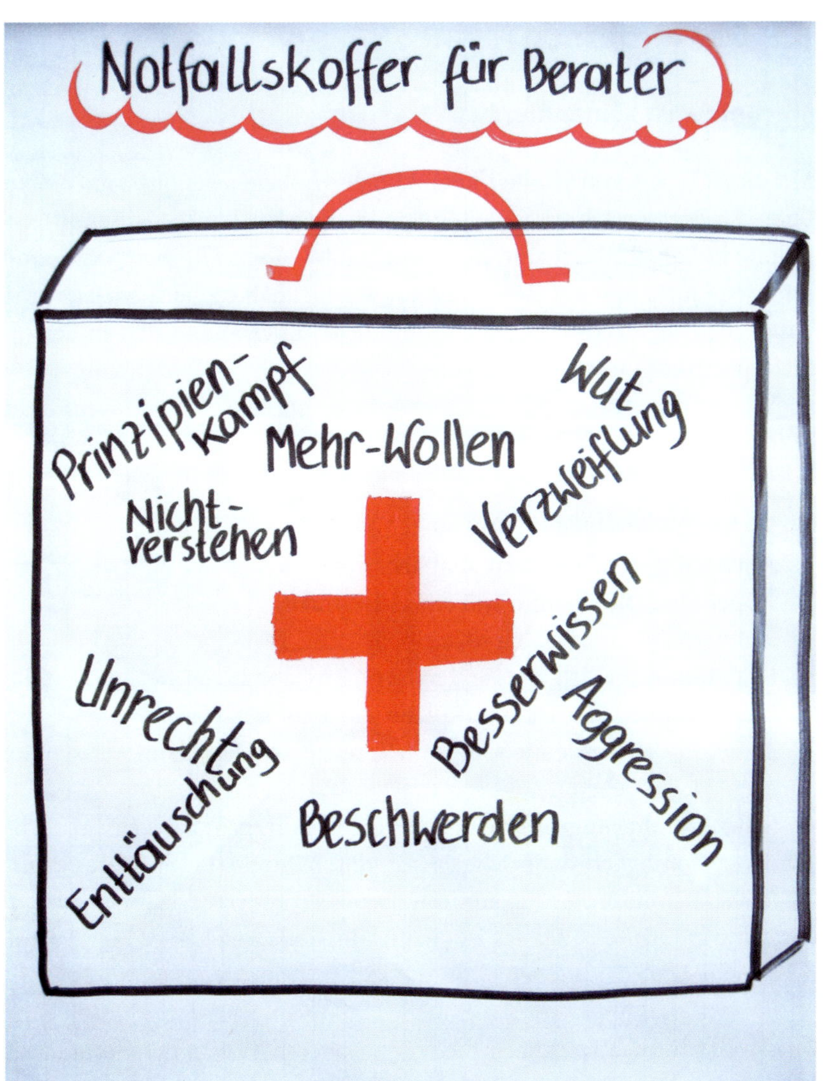

Notfallkoffer für schwierige Situationen

6.2 Der fordernde Klient

„Techniker ist keiner hier?"

Mit dieser Frage eröffnet die Klientin hoch erhobenen Hauptes, mit einem über die Beraterin hinweggleitenden, suchenden Blick das Beratungsgespräch. Unvermittelt und ohne ein „Guten Tag". Die Beraterin, eine erfahrene Juristin einer Rechtsberatungsstelle, hält die Luft an, sie spürt Ärger. Sie erlebt das Verhalten als unhöflich, fordernd und sich als Person nicht wahrgenommen.

Wie wird sie reagieren?

Nun, die Reaktion hängt davon ab, mit welchem Ohr sie diese Frage hört.

- **Sachohr:** Die Klientin will wissen, ob ein Techniker da ist.
  Antwort: „Ja, richtig, es ist kein Techniker hier."
- **Appellohr:** Die Klientin will einen Techniker.
  Antwort: „Warten Sie, ich hole einen."
- **Beziehungsohr:** Ich bin die Beraterin, ich habe schon viele technische Fragen gelöst … sie traut mir nichts zu, lehnt mich ab …
  Antwort: „Wenn Sie nicht mit mir sprechen wollen, dann müssen Sie eben wieder gehen …"
- **Selbstoffenbarungsohr:** Ich denke, die Person sucht nach einem Techniker, womöglich verspricht sie sich durch ihn die Lösung ihres Problems – nehme an, sie hat ein technisches Problem.
  Antwort: „Guten Tag, das ist richtig: Techniker ist keiner hier. Wofür brauchen Sie denn einen? Kommen Sie mit einer technischen Frage?"

Die Wahl Ihrer Antwort beeinflusst den weiteren Verlauf des Gesprächs.

Achtung: Hören Sie die Forderung mit dem Beziehungsohr, wird Ihre Antwort die negative Spannung erhöhen. Hören Sie die Forderung mit dem Appellohr, werden Sie den Eindruck der Willfährigkeit erwecken.

Der fordernde Klient

- Was will er?
- Was soll ich tun?
- Was hält er von mir?
- Worum geht es ihm?

Der fordernde Klient

6.3 Der aggressive Klient

Aggressives Auftreten kann ganz unterschiedlich aussehen. Es gibt ein **offen aggressives Verhalten**, das sich so äußert, dass der Aggressive mit Unterstellungen, mit Beschimpfungen und Beleidigungen oder mit Abwertungen direkt agiert. Ein aggressiver Ton wird an den Tag gelegt. Dieses Verhalten wird den niedergelassenen Beratern vermutlich seltener begegnen als Beratern in Institutionen, wo sich die Klienten manchmal mehr herausnehmen.

Dann gibt es **verdeckt aggressives Verhalten**. Die verdeckte Aggression setzt dem Berater auf die Dauer mehr zu als die offene Aggression. Diese Art kommt auch häufiger vor. Als verdeckt aggressiv gelten etwa subtile Angriffe, beispielsweise auf die Kompetenz des Beraters, ein subtiles In-Frage-gestellt-Werden in der Beratung, wie: „Haben Sie jetzt studiert oder nicht?", „Was für eine Ausbildung haben Sie?", „Verstehen Sie das als Frau überhaupt?", „Ist kein Techniker da?" Das kann vom Berater schon als subtil aggressiv erlebt werden. Beide Formen sind Strategien, um zu etwas zu kommen.

Um einen Umgang mit der Aggression des Klienten zu finden, ist es gut zu wissen, was Aggression alles bedeuten kann, woher sie kommt und warum Menschen aggressiv sind. Sie sind aggressiv,

- weil sie selber in einer bedrohlichen oder beängstigenden Situation sind,
- weil sie Niederlage, Abwertung, Scham empfinden und voller Selbstvorwürfe sind,
- weil es ein Kommunikationsversuch ist – eine Form von Beziehungsstörung,
- als Folge von Konflikten – der Ärger wird in die Beratung mitgebracht und entlädt sich dort,
- als Folge von Stress und Frustration oder Reaktion auf Aggression,
- als Gegenreaktion auf die Aggression des Beraters (Bewertung, Schuldzuweisung),
- weil sie einen Kontrollverlust erleben (z. B. nicht weiter wissen),
- aus Platzmangel und eingeschränkter Intimsphäre,
- als Folge eines Krankheitsbilds oder Medikamenten.

Literatur:

Martina Fritz, Fachtagung 18.10.2010, http://www.eva-stuttgart.de/fachtagmdchenschlagenzu.html

Gründe für aggressives Verhalten

Wie geht man mit aggressiven Verhaltensweisen um?

Wie können Sie Aggression möglichst von sich fern halten? Welche Möglichkeiten gibt es in der Begegnung mit aggressiven Klienten? Hier ein paar Tipps:

- Schaffen Sie **inneren Abstand**. D. h. stellen Sie sich konkret einen Schutzschild vor, der einen geschützten Raum bietet, z. B. ein Weltraumanzug, eine Panzerglas-Glocke u. Ä. Die Vorstellung des schützenden Raumes verbinden Sie nun mit einem passenden Satz, den Sie sich in heiklen Situationen vorsagen können („Ich bin sicher", „Das trifft mich nicht" etc.).
- Schaffen Sie sich **äußere Distanz**. Bevor Sie irgendetwas sagen, konzentrieren Sie sich auf die eigene Atmung: tief einatmen und ruhig und langsam ausatmen. Ruhiges Atmen stabilisiert! Schaffen Sie sich Platz. Halten Sie körperlich Abstand. Am besten nehmen Sie eine natürliche Haltung ein, eventuell stehen Sie auf.
- **Richtige Körperhaltung** vermittelt Selbstbewusstsein! *Im Stehen:* fester Stand, beide Beine möglichst gleich belastet, nicht allzu breitbeinig, Haltung nicht ständig ändern – dies wirkt nervös und unsicher. *Im Sitzen:* gesamte Sitzfläche nützen. Füße nicht unter den Stuhl ziehen, auch nicht Beine um Stuhlbeine schlingen. *Während des Sprechens:* im Blickkontakt mit dem Gegenüber bleiben!
- Dem Klienten die **Gelegenheit geben, Dampf abzulassen**. Den Klienten ausreden lassen, interessiert und aktiv zuhören, sachlich antworten. Die Argumente des Klienten wiederholen, so fühlt er sich ernst genommen.
- Nicht in den Widerstand gehen. Das lässt die Situation nur eskalieren. Wirken Sie dem entgegen, indem Sie …
  - … Ihren **Klienten akzeptieren**! Dadurch äußern Sie Verständnis für die Situation und laden ihn ein, mehr zu erzählen.
  - … **Nachgeben**! Möglicherweise überraschen Sie Ihren Klienten, indem Sie ihm entgegenkommen. Sagen Sie: „Sie haben völlig recht. Die Dinge sollten anders sein. Ich bin auch unglücklich über diese Situation."

- … **Interesse signalisieren**! Sagen Sie z. B.: „Wie können wir dieses Problem lösen?" „Wie könnte eine Veränderung genau aussehen?" „Ich brauche Ihre Unterstützung, um die Lage zu ändern."

- **Worte sorgfältig wählen**. Vorsicht mit Worten wie „müssen", „sollen" oder „nicht dürfen"
- Nicht rechtfertigen
- Der Situation **Struktur** geben. Wenn der Klient damit einverstanden ist, auch Mitschreiben oder Mitzeichnen
- Derzeit kein Gespräch möglich – Pause oder Vertagung

Literatur:

Matthias Nöllke: Schlagfertigkeit, STS-Taschenguide. Planegg/München 1999

Umgang mit aggressiven Klienten

6.4 Der wütend-tobende Klient

Wenn Sie als Berater mit einem wütend-tobenden Klienten konfrontiert werden, so fällt es wahrscheinlich auch Ihnen nicht leicht, ruhig zu bleiben und die Haltung zu bewahren. Die übliche Reaktion besteht darin, entweder selbst wütend zu werden und den Streit eskalieren zu lassen oder den Wutausbruch zu erdulden und sich als Opfer missbraucht zu fühlen.

Beides sind keine geeigneten Reaktionsweisen, um mit wütenden Klienten umzugehen.

Wie reagieren Sie also richtig?

- Es ist sinnlos, mit jemandem zu diskutieren, der wütend tobt. Sie tun also zunächst gar nichts, außer Ihren Schutzschild einzusetzen und die groben Angriffe zu überhören und an sich „abrinnen zu lassen".
- Sie sollten es auch unterlassen, sich zu rechtfertigen oder nach Erklärungen zu suchen. Das verschlimmert die Sache nur.
- Erst wenn ein sachlicher Punkt vorgebracht wird, sollten Sie darauf eingehen, zur Sache Stellung nehmen und tatsächliche eigene Fehler sofort zugeben.
- Das „Weghören" und Abwarten hat allerdings Grenzen. Wenn die Wut zunimmt statt zu verrauchen, streiten Sie nicht, sondern geben Sie einen sachlichen Kommentar ab: „Sie sind außer sich", „Sie sind erregt", „Sie schreien" (besser als „Warum schreien Sie mit mir?"; Sie bringen sich sonst als Opfer ins Spiel).

Falls aber beleidigende oder unsachliche Attacken fortgesetzt werden, sodass Ihre persönliche Würde bedroht ist, müssen Sie Ihre Haltung ändern und deutlich feststellen: „Sie haben mich eben beleidigt!" Danach gibt es mehrere Möglichkeiten:

- **Nochmals „Brücke bauen":** „Ich weiß, Sie sind erregt, weil … Jedoch gibt es keinen Grund, mich persönlich zu beleidigen."
- **Position stärken** durch eine Forderung: „Ich erwarte eine Entschuldigung."
- Das **Gespräch abbrechen:** „Unter diesen Umständen bin ich nicht bereit, das Gespräch fortzusetzen. Ich bitte Sie, den Raum zu verlassen."

Aufstehen und den Klienten zur Tür begleiten. Eventuell mit den Worten: „Rufen Sie mich an, wenn Sie wieder ruhiger sind."

Literatur:

Matthias Nöllke: Schlagfertigkeit, STS-Taschenguide. Planegg/München 1999

Umgang mit wütend-tobenden Klienten

6.5 Der enttäuschte Klient

Klienten kommen in die Fachberatung, weil sie etwas klären wollen. Denken Sie an folgende Situation: Frau B. hat einen Vertrag unterzeichnet und möchte ein Rücktrittsrecht geltend machen, ist aber nicht sicher, ob die Frist nicht schon verstrichen ist.

In diesem Fall geht es scheinbar nur um eine Klärung. Dahinter steckt aber natürlich ein Interesse – die Hoffnung, dass die Frist für den Rücktritt noch nicht abgelaufen ist, also ein ökonomischer Nachteil noch abwendbar ist.

Oder: Herr M. hat jahrelang Versicherungsbeiträge eingezahlt und möchte nun für einen Schadensfall eine Leistung in Anspruch nehmen: „Seit Jahren zahle ich Beiträge und jetzt brauche ich etwas und die Versicherung übernimmt das nicht, das sehe ich nicht ein." Er ist überzeugt, dass sein Anspruch berechtigt ist, und will dies vom Berater bestätigt wissen. Wenn nun der Berater nach Studium des Versicherungsvertrags sagen muss, dass der Schadensfall nicht gedeckt ist, so ist die Enttäuschung vorprogrammiert. Der Klient ist höchst unzufrieden mit dem Berater, der ihm – aus seiner Sicht – nicht hilft.

Der Berater kann aber gesetzliche Fristen und Verträge nicht abändern, um den Klienten zufriedenzustellen. Klienten haben meist Vorannahmen, Hoffnungen, Überzeugungen, Erwartungen bis hin zu fixen Ideen, wenn sie in Beratung kommen. Auch wenn sie Klärung wünschen, erwarten sie meist ein Ergebnis in ihrem Sinn.

Umgekehrt investiert der Berater oft viel Zeit in eine gute Expertise und ist frustriert, wenn dies nicht gewürdigt wird – weil nicht das „richtige" Ergebnis herauskommt.

Hier braucht es ein gutes **„Enttäuschungsmanagement"**:

Präventiv ist es für den Berater wichtig, sich darüber bewusst zu sein, dass er mit seiner Expertise Enttäuschung bereiten kann. Daher sollte er bereits zu Beginn des Gesprächs einen erwartungsrelativierenden Hinweis geben: „Bitte sagen Sie mir, weswegen Sie hier sind. Ich schaue dann, was in Ihrer Sache möglich ist." Keinesfalls sollte er Hoffnung nähren, die er schlussendlich nicht erfüllen kann.

Interventiv ist wichtig, Hoffnungen und vermutete Erwartungen frühzeitig anzusprechen und Aktives Zuhören einzusetzen (siehe Kapitel 4.7).

Postventiv – also nach der Beratung – geht es darum, eventuelle Enttäuschungen anzusprechen bzw. aktiv zuzuhören.

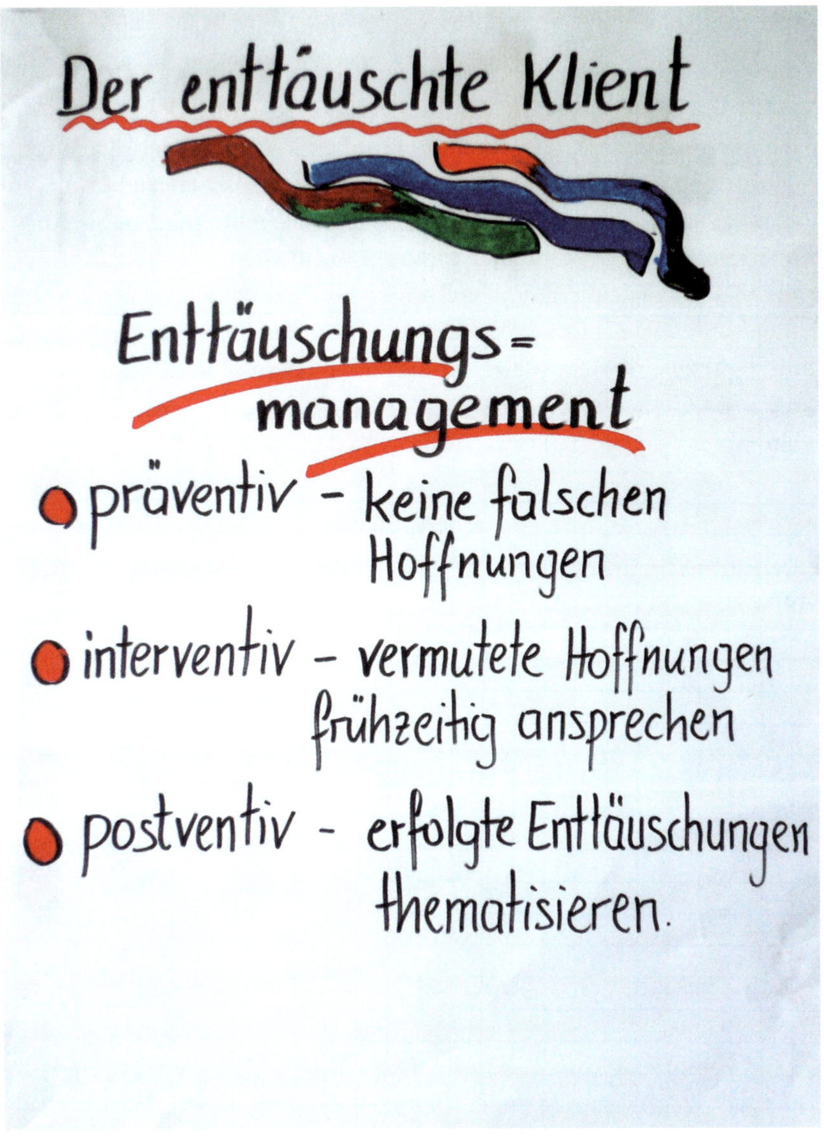

Enttäuschungsmanagement

6.6 Der Klient mit Verständigungsproblemen

„Die Voraussetzung für Beratung ist Verstehen und Verständigung."

Zuwanderung ist in vielen Ländern ein Faktum. Was uns im Urlaub oder in entspannter Atmosphäre oft interessant erscheint – der Kontakt mit Menschen aus anderen Ländern und Kulturen –, kann im beruflichen Alltag unter Stress belastend werden: Verständigungsschwierigkeiten sind anstrengend, ein größerer Erklärungsbedarf macht oft ungeduldig, Klientinnen mit anderem kulturellen Hintergrund stellen zusätzliche Anforderungen an die Fachberater. Unterschiede in Erfahrungen und Gewohnheiten sowie mangelndes Wissen über geltende Regeln im Zusammenleben führen oft zu „interkulturellen Missverständnissen":

- Verstehen wir das Gleiche, wenn wir die gleichen Begriffe verwenden?
- Benützen wir dieselbe Form, um Wünsche, Erwartungen oder Bitten auszudrücken?
- Verwenden wir dieselbe Körpersprache?

Interkulturelle Kompetenz – die Fähigkeit, mit Menschen eines fremden kulturellen Hintergrunds kommunizieren zu können, ist gefragt! Dazu gehört,

- sich über den kulturellen Hintergrund anderer kundig machen zu können,
- sich über den kulturellen Hintergrund des eigenen Handelns klarer zu werden,
- sich der Relativität von Werten bewusst zu sein,
- Stereotypen nicht zu erliegen,
- sich verbal und nonverbal für beide Kulturen akzeptabel ausdrücken zu können,
- mit Menschen unterschiedlicher Kulturen gemeinsame Realitäten und Lösungen finden zu können,
- mit Dolmetschern arbeiten zu können.

Die interkulturelle Brille aufzusetzen bedeutet also, die Dinge nicht als selbstverständlich, sondern als erklärungsbedürftig anzusehen. Eine fragende, von Nichtbewertung und Neugier getragene Haltung ermöglicht, Menschen und ihren Geschichten aus aller Welt zu begegnen.

Wenn man noch wenig Erfahrung mit anderen Kulturen hat, ist es häufig gar nicht so einfach, wirklich zu verstehen, was jemand aus einer anderen Kultur ausdrücken möchte, auch ohne sprachliche Verständigungsschwierigkeiten.

Das bedeutet für die Betroffenen erhöhte Unsicherheit und zumindest zeitweise Orientierungslosigkeit. Die Fähigkeit, mit Unsicherheit umgehen zu können, variiert von Person zu Person.

Diese Kompetenz, mit neuen, scheinbar unstrukturierten Situationen, mit unverständlichen oder mehrdeutigen Informationen oder mit unberechenbarem Handeln und Kommunizieren umgehen zu können, wird **Ambiguitätstoleranz** genannt.

Interkulturelle Kompetenz

6.7 Der „Prinzipienreiter"

„Gestern war wieder einmal ein Klient mit einem ‚verdichteten Rechtsempfinden' da." – So stellt ein Berater einen Klienten in der kollegialen Fallwerkstatt vor.

Wir erfahren dann, dass sich der Klient über eine möglicherweise unzulässige Verrechnung einer Leistung seiner Bank aufregte. Es ginge ihm nicht ums Geld, sondern ums Prinzip. Dieser Posten mache bei ihm im Jahr zwar letztlich nur € 4,75 aus – aber wenn man das hochrechne mit all den Kunden, dann sei das in Summe ein „Körberlgeld" für die Bank. Das empörte ihn. Es müsse etwas unternommen werden, es sei ein Skandal. Je mehr sich der Klient ereiferte und flächendeckende Maßnahmen forderte, umso mehr strapazierte er die Nerven des Beraters. Der fühlte sich bedrängt und entwickelte zunehmend Widerstand, sich der Sache anzunehmen – und das merkte der Klient sofort: „Sie wollen also auch nichts für mich tun!" Nun verlagerte sich das Gespräch auf eine andere Ebene …

Sogenannte „Prinzipienreiter" haben oft ein ausgeprägtes Rechtsempfinden und nehmen für sich Vertragstreue in Anspruch. Sie treten ein für ein – wenn schon nicht gerechtes – so jedenfalls regelkonformes Verhalten. Vom Berater wird erwartet, dass er sich dafür einsetzt, dass es solche Ungereimtheiten nicht gibt.

Nicht in Widerstand gehen! Bieten Sie die sachliche Prüfung an. Sollte sich herausstellen, dass tatsächlich mehr verrechnet wird als zulässig, kann man sich doch auch der Empörung anschließen, finden Sie nicht?!

Literatur:

Fritz Riemann: Grundformen der Angst. Eine tiefenpsychologische Studie. München/Basel 2011

Karl König: Kleine psychoanalytische Charakterkunde. Göttingen 1997

Der Prinzipienreiter

"auf Punkt und Beistrich"

Was tun:

- nicht in den Widerstand gehen
- sachliche Prüfung anbieten
- wenn berechtigt: unterstützen

Umgang mit „Prinzipienreitern"

6.8 Der (besser-)wissende Klient

„Wer, wie, was, warum? Wer nicht fragt, bleibt dumm."
(Sesamstraße)

Ganz gleich, ob jemand heute ein Auto kaufen will, krank ist oder etwas über eine Urlaubsdestination wissen will – eine erste Information liefert ein Gespräch mit kundigen Freunden oder das Internet. So kommt es auch vermehrt vor, dass Klienten bereits versucht haben, sich ein Bild von ihrer Lage zu machen, bevor sie in die Beratung kommen. Das kann hilfreich sein oder auch nicht.

Wenn das Bedürfnis, die eigene Unsicherheit zu minimieren, sehr groß ist – wie bei Klienten, die permanent Selbstbestätigung suchen –, kann aus Informiertseinwollen leicht Besserwisserei entstehen.

Klienten mit dieser Verhaltenstendenz sind für Berater eine Herausforderung. Sie sind davon abhängig, dass ihre Leistung von der Umwelt akzeptiert wird, und erleben Kritik an ihrer Leistung als Ablehnung ihrer Person.

Tipps für den Berater:

- Gelassen bleiben – Unmut stoppen
- „Du bist ok. Ich höre dir aufmerksam zu."
- Ausreden lassen
- Keine zu raschen Wertungen
- Kein direkter Widerspruch, sondern fragen. Vorarbeit des Klienten respektieren
- Aufzeigen, wobei und wie Wissen und Können des Klienten hilfreich sind
- Um konstruktive Unterstützung bitten

Gesprächsführung:

- Paraphrasieren – signalisiert Ernstnehmen und konkretisiert Inhalt
- Fragen stellen
- Akzeptanz der Person – wenn notwendig Konfrontation auf der Sachebene

Literatur:

Stefan Czypionka: Umgang mit schwierigen Partnern. Wien/Frankfurt 2000

Umgang mit dem „Besserwisser"

6.9 Der „unehrliche“ Klient

„Der Zweck heiligt die Mittel nicht.“

Sich selbst zu behaupten und seine Interessen durchzusetzen muss jeder Mensch lernen. Dazu braucht man Selbstbewusstsein und Wissen darüber, was einem zusteht, worin die eigenen Ziele bestehen und wie man diese erreicht. Außerdem gehört zum Durchsetzen selbstsicheres Auftreten, Verständnis für die Position des anderen und eine faire Argumentation beim Verhandeln von Interessen.

Manche Menschen bedienen sich eines anderen Repertoires: Um ihre Position vermeintlich zu verbessern, greifen Klienten zu Schutzbehauptungen, Lügen, falscher Darstellung von Sachverhalten oder der Verheimlichung wichtiger Tatsachen. Was tun?

Am Anfang:

- „Ich kann Sie nur gut beraten, wenn Sie mir wahrheitsgetreu alle wichtigen Informationen geben!“

Wenn Sie den Verdacht schöpfen, dass etwas nicht stimmt oder etwas verheimlicht wird, bitten Sie um Ergänzung:

- „Sind Sie sicher, dass Sie mir nicht noch etwas sagen wollen?“
- „Könnte es sein, dass Sie in der Aufregung etwas Wichtiges vergessen haben, das ich wissen muss, um Sie gut zu beraten?“

Mit Widersprüchen konfrontieren:

- „Sie haben gesagt, dass Sie am Donnerstag in Linz waren. Wie können Sie dann wissen, was zuhause los war?“

Zirkuläres Fragen:

- „Stellen Sie sich vor, die Sache geht zu Gericht und der Richter glaubt Ihnen in diesem Punkt nicht. Wie werden Sie ihm das beweisen?“
- „Der gegnerische Anwalt wird Ihnen vorhalten, dass … Was werden Sie ihm antworten?“

Der unehrliche Klient

Was tun:

- nach weiteren Informationen und Belegen fragen
- mit Widersprüchen konfrontieren
- zirkuläre Fragen stellen.

Umgang mit unehrlichen Klienten

6.10 Der verzweifelte Klient

Nicht selten werden Sie als Berater von Klienten in belastenden Lebenssituationen und Krisen aufgesucht, z. B. nach Firmenkonkursen, Verkehrsunfällen mit schwerwiegenden Folgen, Todesfällen u. Ä., in denen Verzweiflung, Existenzangst, Ratlosigkeit, Fassungslosigkeit den Klienten dominieren. Dies kann sich vorrangig in körperlicher Symptomatik oder im psychischen Bereich zeigen.

Oft äußert sich Verzweiflung in Weinen und Schluchzen zu Beginn des Gesprächs, wenn Sie nach dem Anlass des Kommens gefragt haben. Durch das direkte Ansprechen werden die vorhandenen und bis dahin kontrollierten Emotionen deutlich spürbar. In diesen Momenten ist es für den Klienten am hilfreichsten, wenn Sie ruhig und teilnahmsvoll warten, auch wenn Sie nicht wissen, was ihn so bewegt. Wenn der Klient ruhiger wird und von sich aus beginnt, Worte zu formulieren, dann fragen Sie vielleicht „Geht's wieder?“ und sind ihm – ohne ihn zu bedrängen – mit Fragen, Wortwiederholungen oder Rückfragen dabei behilflich, sein Anliegen zu nennen. Der Klient kommt ja, weil er Ihren Rat, Ihre Auskunft, Ihre Einschätzung der Situation benötigt. Es ist ihm also selbst wichtig, rasch die Fassung zurückzuerlangen. Seien Sie aber darauf gefasst, dass Verzweiflungsanfälle wiederkehren, hervorgerufen durch emotionale Verknüpfungen. Verstehen Sie diese auch als ein Ventil für den psychischen Druck, unter dem der Klient steht: Es wird ihm dadurch leichter. Fragen Sie ihn, ob er in seiner Situation jemand zum Reden hat, und nennen Sie ihm eine Beratungsstelle.

Manchmal äußert ein Klient in seiner Verzweiflung auch, dass er nicht mehr leben wolle. Dann ist wichtig, ihm zu sagen: „Ich kann Ihre Verzweiflung verstehen“ oder zu bestätigen: „Ja, das ist eine schwere Situation“ und in Folge: „Ich kann und will Sie in dieser Sachfrage unterstützen, aber haben Sie sonst jemanden, mit dem Sie sprechen können und der Sie unterstützt?“ und ihm *jedenfalls* eine spezifische psychosoziale Beratungsstelle (Krisendienste, Notdienste u. a.) nennen. Wenn Sie den Eindruck haben, dass Energie, Lebenswille und Selbstkontrolle gering sind, dann sollten Sie für den Klienten direkt und unmittelbar den Kontakt zur Beratungsstelle herstellen und ihm sagen, dass Sie nicht möchten, dass er sich das Leben nimmt, und auch überzeugt sind, dass unterstützende Hilfe für ihn möglich ist.

Umgang mit verzweifelten Klienten

6.11 Der Klient, der sich beschwert

Beschwerden sind Chancen – das sagt sich leicht. Wie aber sieht es in der Praxis aus, wenn Störungen auftreten? Kann der Umgang mit unzufriedenen oder sogar verärgerten Klientinnen und Klienten zu einem Dialog werden, der Vorteile für beide Seiten bringt?

Sie als Fachberater, der Sie im direkten Klientenkontakt stehen, sind Anlaufstelle für Anliegen und Beschwerden aller Art: Die Wartezeit ist zu lange, die Auskunft nicht befriedigend, die Beratung nicht weitgehend genug, eine zugesagte Erledigung wird nicht zeitgerecht erfüllt und vieles mehr.

Ja, wo beraten wird, kann auch etwas passieren! Klienten wissen, dass Probleme auftreten können, und viele zeigen sogar Verständnis für aufgetretene Störungen und Fehler. Doch dies kann sehr schnell in Unverständnis und Ärger umschlagen, wenn sich Berater für unzuständig erklären und wenig Bereitschaft zeigen, sich des Problems anzunehmen.

Sie wissen, dass hinter jeder Beschwerde ein Problem steckt. Um Ihre Aufgaben im Beschwerdemanagement wahrnehmen zu können, müssen Sie sicher sein können, dass Sie Beschwerden von Klienten nicht zu vertuschen brauchen, sondern zur Bindung der Klienten und zur Weiterentwicklung der Organisation beitragen, wenn sie ein offenes Ohr für Beschwerden haben und mit ihnen angemessen umgehen.

Berater sollten fähig sein, den ersten Ärger der Klienten abzufangen. Sie brauchen Strategien der mündlichen Kommunikation und Deeskalation; sie sollten hilfreiche Formulierungen und Verhaltensregeln jederzeit zur Hand haben und über Problemlösungskompetenz verfügen.

Letztlich wissen wir alle: Jene Klienten, die Beschwerden äußern, sind im Gegensatz zu den schweigenden, unzufriedenen, an einer Partnerschaft interessiert. Wenn nun Klienten damit zufrieden sind, wie mit ihrer Kritik umgegangen wird, fühlen sie sich dem Berater oder der Organisation enger verbunden als zuvor.

Was soll erreicht werden im Beschwerdemanagement?

- Steigerung der Klientenzufriedenheit
- Entlastung der Fachberater

- Imageverbesserung
- Überprüfung und Anpassung des Leistungsangebots
- Weiterentwicklung einer Organisationskultur, die es erlaubt, konstruktiv über Fehler zu sprechen und nachzudenken

Literatur:
Udo Haeske: Beschwerden und Reklamationen managen. Weinheim/Basel 2001

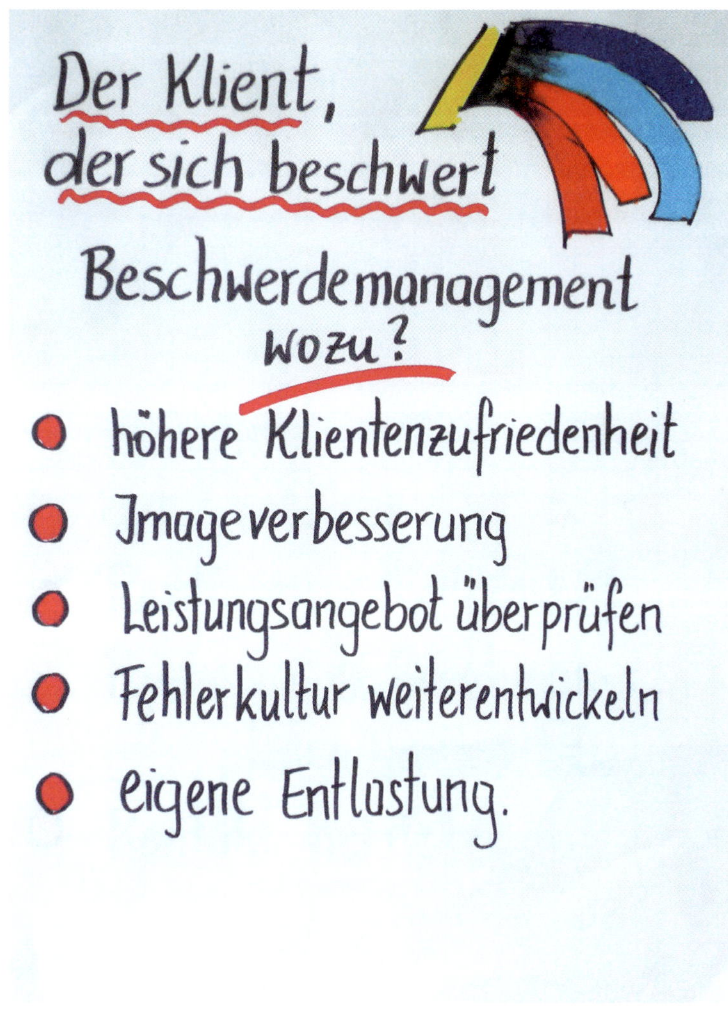

Beschwerdemanagement

Kapitel 7

Die Person des Fachberaters

Die Person des Fachberaters steht im Brennpunkt der Beratung. Daher ist nicht nur regelmäßiges selbstreflexives „Checken" von Einstellungen, Werten, Motivation, Verhalten und Fachwissen notwendig, sondern sind insbesondere auch stete Maßnahmen der Selbstfürsorge und des Selbstschutzes wichtig, wie beispielsweise Stressprävention, Arbeitserleichterungen, Entlastung und Entspannung. Anregungen und Unterstützung dazu, wie Sie die Freude am Beraten erhalten können, finden Sie im folgenden Kapitel.

7.1 Person, Rolle, Funktion

Erkenne Dich selbst! – Persönlichkeit im Riemann-Modell

Machen Sie folgenden kleinen **Selbstversuch**:

Schreiben Sie ohne viel nachzudenken auf, was Sie an der gemeinsamen Arbeit mit Menschen schätzen und was Sie ärgert und belastet. Nachdem Sie sich mit dem Riemann-Modell beschäftigt haben, haben Sie eine Erklärung: Meist mag man, was einem ähnlich ist, und ist genervt vom Gegensätzlichen.

Das gilt auch in der Beratung.

Fachberater sind ständig in Kontakt mit anderen Menschen. Und so wie unsere Klienten ganz unterschiedliche Persönlichkeiten sind, hat auch jeder einzelne Fachberater eine ganz individuelle Prägung. Wir können uns nicht *nicht* verhalten und jedes Verhalten zieht Wirkungen nach sich. Für den Fachberater ist deshalb Selbstkenntnis von großem Vorteil, will er erfolgreiche und effektive Beratungsgespräche führen. Denn wer seine Stärken, Schwächen, Vorlieben und Wirkungen kennt, kann sich in unterschiedlichen Situationen für das jeweils wirksamere Verhalten entscheiden. Nur, was ich über mich selbst weiß, steht mir zur Bearbeitung und bewussten Auswahl zur Verfügung.

Der Wunsch, Persönlichkeit zu erfassen und zu typologisieren, war bereits bei den „alten“ Griechen ausgeprägt. So unterschieden sie **vier Temperamente**: Choleriker, Sanguiniker, Phlegmatiker und Melancholiker.

Mit der Beschreibung der **Verhaltenstendenzen** des Menschen nach den **vier Grundstrebungen** stellt uns Riemann ein anschauliches Erklärungsmodell zur Verfügung. Die Grundstrebung nach

- Nähe oder Distanz,
- Dauer oder Wandel.

Alle vier Grundstrebungen wohnen jedem Menschen inne, allerdings prägen wir im Laufe unserer Entwicklung meist ein bis zwei Richtungen besonders aus. Diese Grundstrebungen beeinflussen unser Menschenbild, den Umgang mit anderen Menschen, Werthaltungen, unser Kommunikations- und Konfliktverhalten – kurz: unsere gesamte Lebensführung.

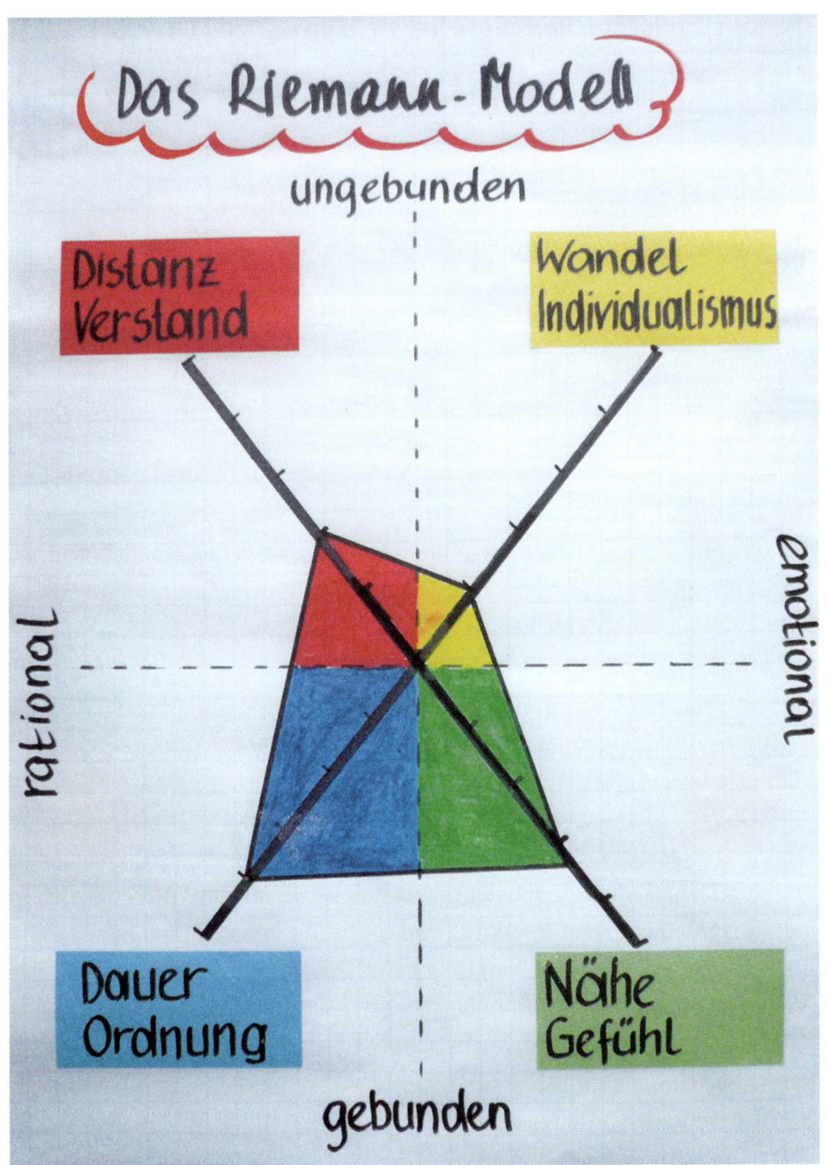

Die vier Grundstrebungen

Die idealtypischen Verhaltenstendenzen der vier Grundstrebungen:

Der Nähe-Mensch

Stärken: Nähe-Menschen sind sehr gefühlsorientiert, sie sind zu Bindung, Hingabe und Geborgenheit fähig und verhalten sich in mitmenschlicher Wärme fürsorglich und sozial.

Schwächen: Oft sind Nähe-Menschen konfliktscheu und zeigen eine Dulderhaltung und Opfermentalität.

Das Wohlergehen der anderen und der Gemeinschaft ist ihnen wichtig.

Der Distanz-Mensch

Stärken: Sind vernunft- und verstandesorientiert, sie gehen sachlich, logisch, autonom, zielorientiert und analytisch vor. Theorien und Dinge stehen vor Gefühlen und Menschen.

Schwächen: Lassen sich nicht gerne auf Bindungen und näheren Kontakt ein und sind leicht kränkbar. Deshalb wirken sie oft kühl und neutral.

Ihr Hauptanliegen ist es, Aufgaben in effektivster Weise zu erledigen oder erledigen zu lassen.

Der Dauer-Mensch

Stärken: Dauer-Menschen orientieren sich gerne an Strukturen, Ordnungen und Normen. Die Einhaltung von Ordnung, Regeln und Ritualen fällt ihnen leicht. Genauigkeit, Verlässlichkeit, Planung und Über- und Unterordnung spielen eine große Rolle.

Schwächen: In der Übertreibung können sie unflexibel, pedantisch und formalistisch werden. Ihr Hauptanliegen ist es, geordnete Regelmäßigkeit herzustellen oder durchzusetzen.

Der Wandel-Mensch

Stärken: Wandel-Menschen sind risikofreudig, flexibel, kreativ, initiativ und kontaktfreudig. Sie sind für Neues aufgeschlossen und besitzen Unternehmungslust.

Schwächen: In der Übertreibung sind sie sprunghaft, ziellos und können sich schwer entscheiden. So zeigen sie wenig Ausdauer und Verlässlichkeit. Sie sind selbstbezogen und dramatisieren in theatralischen Szenen.

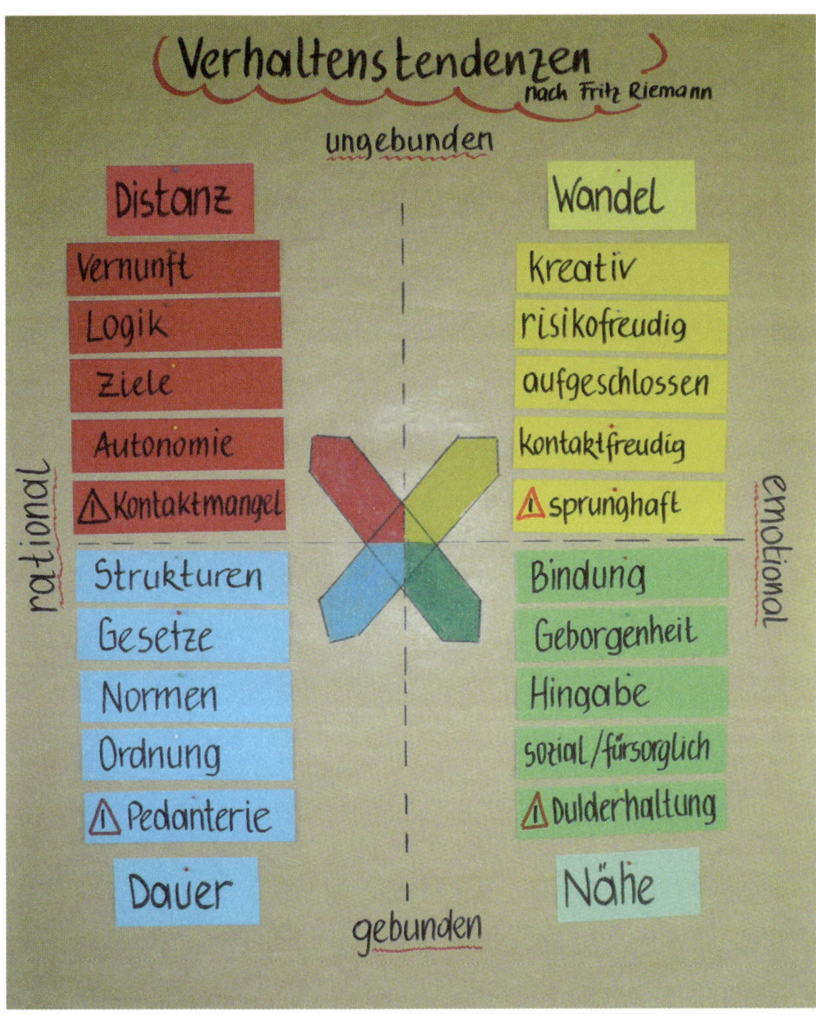

Verhaltenstendenzen

Konstruktive Gesprächsstrategien

In der folgenden Zusammenstellung sind einige Strategien der Gesprächsführung angeführt, die bessere Ergebnisse in der Fachberatung ermöglichen. Die angeführten Punkte folgen zunächst dem Prinzip der Anpassung an die jeweilige Verhaltenstendenz des Klienten und zeigen abschließend jeweils Erweiterungsmöglichkeiten auf.

Gesprächsführung mit Personen mit **Nähe-Tendenz**

- Verständnis und Bestätigung entgegenbringen
- Orientierung an Gefühlen akzeptieren
- Behutsam aber konsequent zur Sache kommen
- Dem Gegenüber Vertrauen entgegenbringen und ihm Selbständigkeit zutrauen

Gesprächsführung mit Personen mit **Distanz-Tendenz**

- Zulassen und nicht persönlich nehmen, dass das Gegenüber durch Klarstellungen und Erklärungen seine Selbständigkeit und Distanz wahrt
- Initiative für Annäherung dem Gesprächspartner überlassen
- Freiraum des Abwartens einräumen
- Allmählich zur Öffnung einladen, ohne das Aufgeben der Selbständigkeit

Gesprächsführung mit Personen mit **Dauer-Tendenz**

- Langwierige, einordnende Erklärungen nicht abschneiden
- Buchhalterische Genauigkeit akzeptieren
- Zusammenfassen und Zwischenergebnisse festhalten
- Vorsichtig lockern im Sinne von „Man darf sich ändern" und „Es muss nicht alles bis in kleinste Detail perfekt sein"

Gesprächsführung mit Personen mit **Wandel-Tendenz**

- Anfangs das Springen von Thema zu Thema akzeptieren
- Sich nicht vom Durcheinander verwirren lassen, immer wieder Haltepunkte setzen
- Zwischenergebnisse klar markieren, klare Abmachungen vorschlagen

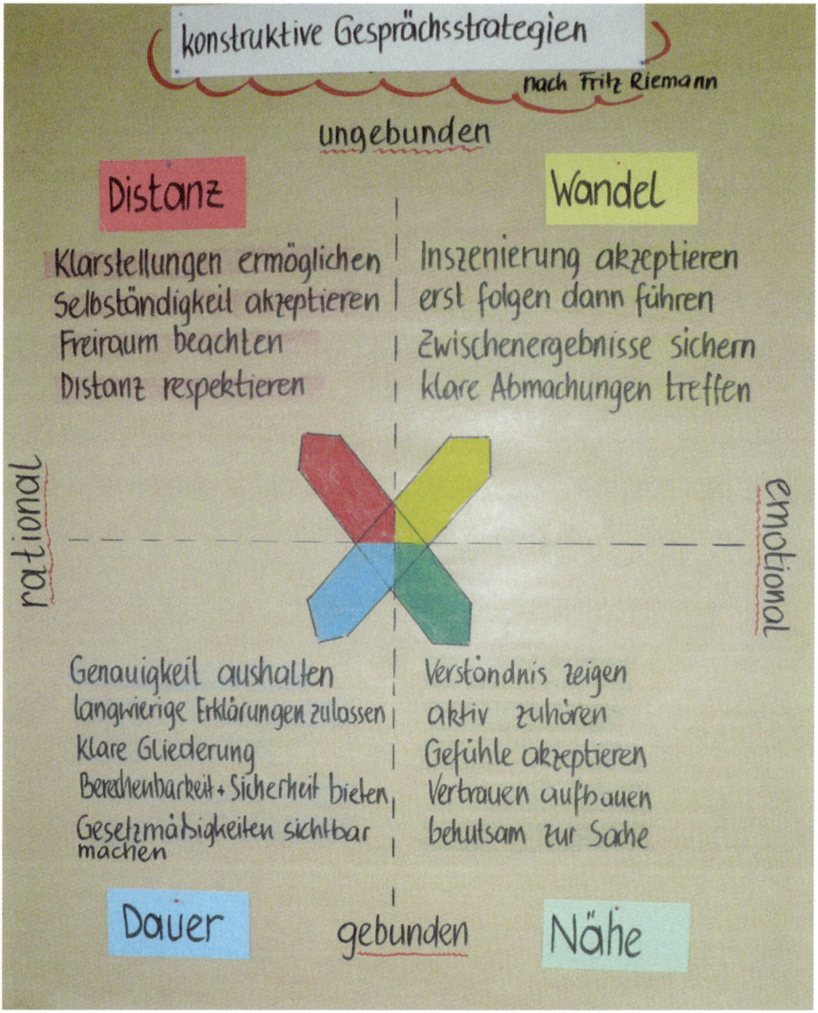

konstruktive Gesprächsstrategien

nach Fritz Riemann

ungebunden

Distanz

Klarstellungen ermöglichen
Selbständigkeit akzeptieren
Freiraum beachten
Distanz respektieren

Wandel

Inszenierung akzeptieren
erst folgen dann führen
Zwischenergebnisse sichern
klare Abmachungen treffen

rational

emotional

Genauigkeit aushalten
langwierige Erklärungen zulassen
klare Gliederung
Berechenbarkeit + Sicherheit bieten
Gesetzmäßigkeiten sichtbar machen

Verständnis zeigen
aktiv zuhören
Gefühle akzeptieren
Vertrauen aufbauen
behutsam zur Sache

Dauer

gebunden

Nähe

Konstruktive Gesprächsstrategien

7.2 Konfliktverständnis

Mein Weg – dein Weg – kein Weg – umschreiben

„Der Klügere gibt nach, bis er der Dumme ist.“
(Volksmund)

Für Klienten steht oft vor der Inanspruchnahme einer Fachberatung ein Konflikt. Manchmal führt auch das Ergebnis der Beratung dazu. Konflikte gehören zum Leben und doch haben wir im Laufe unserer Lebens- und Berufsgeschichte spezifische Erfahrungen damit gemacht. So kann ein Konflikt als erleichternde Klärung oder als Bedrohung, als Angst vor Beziehungsabbruch, berechtigte Durchsetzung von Recht und Ordnung oder als Spiel mit Einsatz erlebt werden.

Für den Fachberater ist hier **Selbstreflexion** angesagt: Je nach eigenem Konfliktverständnis werden mögliche Konfliktsituationen für Klienten gesehen. Und damit unbewusst die Beratung beeinflusst.

Aus den Polaritäten Ziele erreichen vs. Ziele verlieren und Beziehungen stärken vs. Beziehungen schwächen ergeben sich **vier innere Einstellungen zu Konflikten**:

- **Wettkampf, Durchsetzung:** Ziele erreichen auch zulasten anderer: „Ich weiß, was ich will, und werde mich durchsetzen!“
- **Zusammenarbeit, win-win:** Ziele erreichen und trotzdem gut in Beziehung bleiben: „Ich möchte, dass die Lösung gut ist und beide zufrieden weggehen!“
- **Anpassung, nachgeben:** die eigenen Ziele aufgeben, um die Beziehungen nicht zu belasten: „Meine Sicht ist nicht so wichtig, Hauptsache, dir geht es gut!“
- **Vermeidung, ablenken:** Ziele werden nicht erreicht und die Beziehung wird geschwächt: „Nur keine Unstimmigkeiten! Nur keinen Staub aufwirbeln!“

Kompromisse erfordern einen Verzicht auf Positionen und Nachgeben, Konsens ist das Ergebnis in der Win-win-Situation.

Die Einstellung zu Konflikten beeinflusst das Handeln.

7.3 Selbstsorge, Selbstschutz – Gesund bleiben als Fachberaterin und Fachberater

Damit der Berater nicht zum hilflosen Helfer wird: Als Berater setzen Sie meist viel Energie und Zeit ein und „geben" mehr, als Sie zurückbekommen. Das herzliche Dankeschön, die Anerkennung, das Lob sind selten. So leert sich der Akku von Fall zu Fall. Wenn Sie nichts dagegen tun, sind Sie ausgeflossen und selbst leer.

Die wichtigste Fürsorge ist die Selbstfürsorge – mit folgenden Tipps können Sie selbst für sich wirksam werden:

Wähle Deine Einstellung: Sie können die Klienten und ihre Anliegen nicht verändern, aber Sie haben es in jeder Situation selbst in der Hand, ob Sie Missmut, Abwehr, Unlust oder Ärger vor sich hertragen oder mit Lösungskompetenz, Optimismus, Neugier und Zuversicht auf die Arbeit zugehen. Diese Grundeinstellung wirkt wie ein Pingpong-Effekt. Die Einstellung steuert Ihre Wahrnehmung und Sie werden wahrnehmen, was Sie erwarten. (siehe Kapitel 7.5)

Beziehungspflege: Wer oder was sind Sie noch, wenn Sie nicht mehr der Herr Direktor, die Frau Doktor, der Mietrechtsexperte, „Herr und Frau Wichtig" sind? Was bleibt, sind die Interessen und die Kinder, die Freunde, die lieben Menschen um Sie herum und Ihr Mann, Ihre Frau. Kümmern Sie sich um sie – bringen Sie die Balance zwischen Beruf und Privatleben ins Gleichgewicht.

Selbstmanagement: Wie gehen Sie mit Ihrer Zeit um? Für Zielarbeit, Planungstechniken, Prioritätensetzung, Abbau von zeitraubenden Gewohnheiten finden Sie in unseren Büchern tolle Tools.

Gesund leben: „Der Mensch ist, was er isst!" Nehmen Sie Lebensmittel und nicht nur Nahrungsmittel zu sich. Wenn Sie Minderwertiges in sich hinein lassen, wird Ähnliches wieder herauskommen. Einfache Ernährungsfibeln genügen als Ratgeber. Viel Wasser trinken ist jedenfalls ein Wundermittel.

Bewegung: Stress ist Energie pur. Verbrauchen Sie die Stressenergie durch Bewegung. Jede Form von Ausdauerbewegung, z. B. Spazierengehen, Rad fahren, Laufen, Schwimmen oder Wandern unterstützen Ihren Körper dabei, Stress abzubauen.

Anspannung braucht Entspannung: Im Leistungssport ist schon längst unverzichtbar, was im Arbeitsleben oft noch verlacht wird: Meditation, Yoga, autogenes Training, progressive Muskelentspannung (Jacobsen) oder einfach durchatmen, die Schultern fallen lassen, sich selbst mit beiden Händen das Gesicht massieren oder Sauna und Massage gönnen.

Dann also mit Goethes Faust: „Der Worte sind genug gewechselt, lasst mich auch endlich Taten sehen."

Literatur: Johannes Voelgyfy: Stressmanagement. Weinheim 2000

Gesund bleiben mit Stressmanagement

7.4 Pareto

Der Italiener Vilfredo Pareto arbeitete an der Universität Lausanne als Professor für politische Ökonomie. Er erkannte, dass in vielen Bereichen von Wirtschaft und Gesellschaft ein großer Teil der Aktivitäten auf einen kleinen Teil von Akteuren entfällt. So besitzt etwa in vielen Ländern ein kleiner Teil der Bevölkerung einen Großteil des Einkommens.

Professor Pareto hat um das Jahr 1900 das 80:20-Verhältnis definiert. Ob die Prozentsätze im Einzelfall genau stimmen, ist nicht entscheidend. Beeindruckend ist die extreme Relation, die in vielen Bereichen feststellbar ist, z. B.:

20 Prozent der Auftraggeber bringen 80 Prozent der Aufträge.
20 Prozent der Klienten machen 80 Prozent der Umstände.
20 Prozent der Kunden bewirken 80 Prozent der Beschwerden.
20 Prozent der Tiere im Stall verursachen 80 Prozent der Tierarztkosten.
20 Prozent der Gesprächszeit erfüllen 80 Prozent des Anliegens.
20 Prozent der Zeitung enthalten 80 Prozent der relevanten Information.

Wie lässt sich das Pareto-Prinzip im Alltag nutzen?

- Nicht alles Dringliche ist wichtig!
- Werden die wichtigen Dinge geschickt ausgewählt, resultiert mit relativ wenig Aufwand ein hoher Ertrag.
- Muss alles perfekt sein? – Wenn 80-Prozent-Qualität genügt, spart man viel Kraft.
- Weniger ist oft mehr! – Zuviel kann erschlagen. Einige wenige Punkte auf der Tagesordnung oder zwei kräftige Argumente in einem Gespräch bringen oft mehr Erfolg.

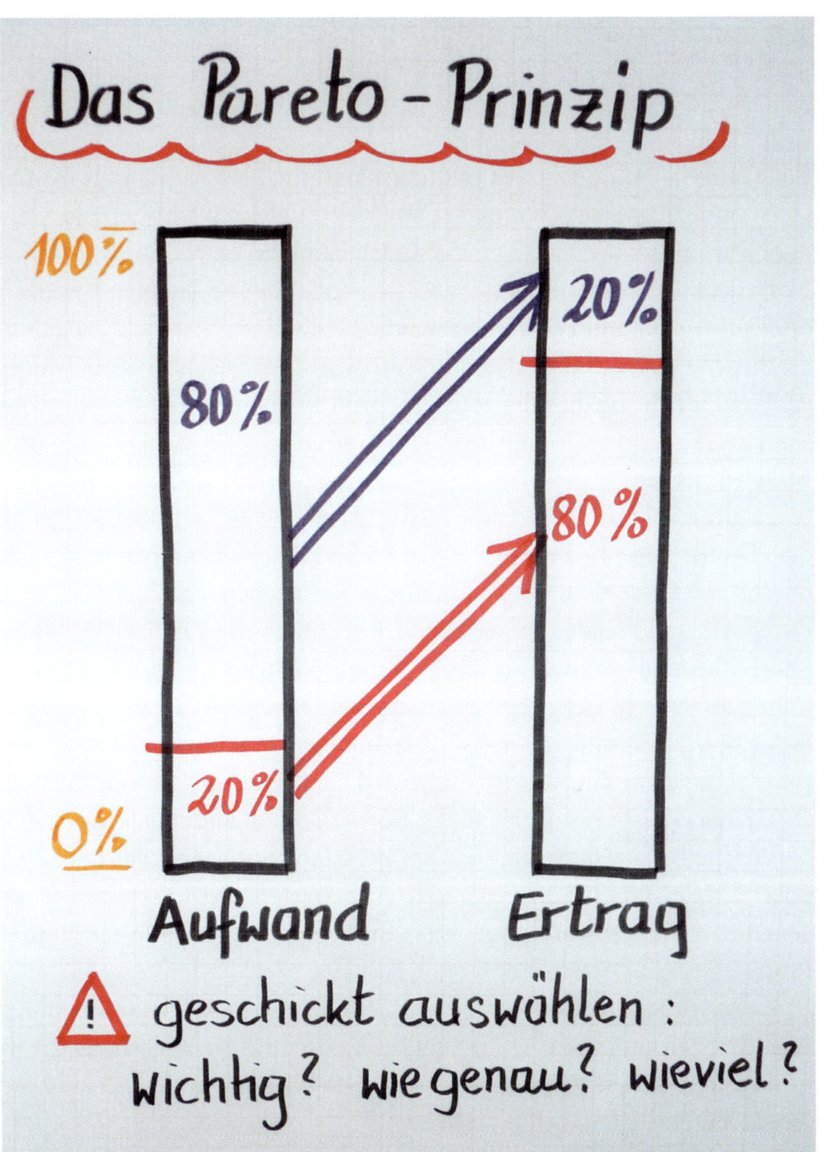

Das Pareto-Prinzip

7.5 Fish – Wähle deine Einstellung

„Die Seele hat die Farbe deiner Gedanken!" (Marc Aurel)

Ein Mann, 35 Jahre, sagt zur Bildungsberaterin: „Ich würde ja gerne die Hochschulzulassungsprüfung machen, aber Englisch schaffe ich nie. Englisch war mir schon immer furchtbar, ich kann das nicht."

Negative Einstellungen können sich auf einzelne Themen beziehen oder auf Person und Leben insgesamt.

Wir alle tragen eine **Brille**, durch die wir in die Welt blicken: entweder eine freundliche (gelbe oder rosarote) Brille oder eine düstere graue. Und was entscheidend ist: Weitgehend könnten wir selbst entscheiden, welche Brille wir tragen.

Es gibt einschneidende Ereignisse im Leben, da ist Betroffenheit, Sorge oder Trauer angebracht. Aber in den vielen Alltagssituationen liegt es an uns, ob wir Misstrauen, Angst und Ärger vor uns hertragen oder Neugier, Zuversicht und Freude. Unsere Grundeinstellung wirkt dabei wie ein Pingpong-Effekt. Die Einstellung steuert unsere Wahrnehmung, wir nehmen wahr, was wir erwarten. Wir bekommen also die eigene Einstellung mehrfach gespiegelt nach dem Muster „Wie du in den Wald rufst, so hallt es zurück!" Die eigene Grundeinstellung wird bei allen Begegnungen sichtbar, durch den Gesichtsausdruck, in der Körperhaltung und in der Sprache.

Welche Brille wir tragen, welche Einstellung wir haben, das bestimmt unser Leben. Wir bekommen, was wir erwarten. Gedanken haben die Tendenz, sich zu verwirklichen. Das funktioniert wie eine selbsterfüllende Prophezeiung.

Es ist wichtig, sich die eigenen Einstellungen bewusst zu machen. Da Einstellungen zum guten Teil erlernt sind, lassen sie sich auch ändern. Das ist die gute Nachricht: In Alltagssituationen können wir den Schalter für die eigene Einstellung selbst bedienen.

In der Motivationspsychologie unterscheiden wir den **Erfolgssucher** und den **Misserfolgsvermeider**.

Erfolgssuchende Typen setzen sich realistische Herausforderungen und gehen aktiv, selbstbewusst und eigenverantwortlich an die Umsetzung. Sie haben schon oft erlebt, dass Erfolg ihnen Freude und neue Motivation bringt. Gelingt etwas nicht, probieren sie es neu.

Demgegenüber gehen Misserfolgsvermeider vorsichtig bis ängstlich an Aufgaben heran. Sie brauchen die Sicherheit von Routineaufgaben, nur um keine Fehler zu machen. Bisweilen träumen sie vom utopischen Ziel, aber das würden andere ja auch nicht schaffen.

Haben Misserfolgsvermeider Erfolg, fühlen sie sich erleichtert. Haben sie Misserfolg, fühlen sie sich bestätigt – „Ich habe es ja so erwartet!"

Das Buch „Fish!" beschreibt die Geschichte einer Einstellungsänderung von X auf Y.

Literatur: Stephen C. Lundin/Harry Paul/John Christensen: Fish! Ein ungewöhnliches Motivationsbuch. Wien 2001

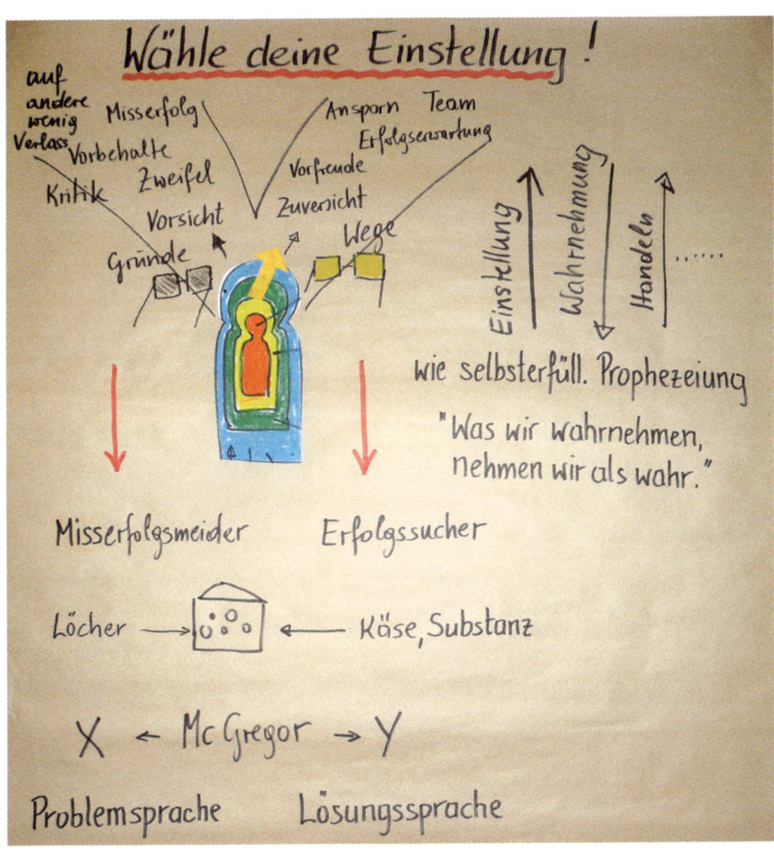

Einstellungen wirken. Deshalb: Wähle deine Einstellung!

Das Menschenbild von X und Y

„Was wir wahrnehmen, nehmen wir als wahr."
(Friedemann Schulz von Thun)

Douglas Mc Gregor hat die Menschen je nach ihrer Einstellung gegenüber ihren Mitmenschen in X- und Y-Typen eingeteilt.

Mc Gregor war Unternehmensberater und hat das Phänomen an Führungskräften beobachtet und beschrieben. Es gilt jedoch für alle Menschen in allen Lebenssituationen.

Das Menschenbild des X-Typs:
Menschen haben eine angeborene Abneigung gegen Arbeit und Anstrengung. Sie sind einfallslos, außer beim Umgehen von Vorschriften. Sie wollen keine Verantwortung übernehmen. Sie arbeiten hauptsächlich des Geldes wegen. Der X-Typ wird demzufolge anderen gegenüber strenge Vorschriften erlassen und viel kontrollieren.

Das aber führt bei den anderen auf Dauer zu Abstumpfung und Passivität. Womit der X-Typ sich absolut bestätigt sieht – Menschen sind träge und verantwortungsscheu, sie brauchen deshalb Vorschriften, Druck und Kontrolle!

Der Y-Typ denkt ganz anders über seine Mitmenschen:
Menschen brauchen Aufgaben und Ziele, denen sie sich verpflichtet fühlen. Wer sich mit seiner Aufgabe identifiziert, wird von innen heraus aktiv. Selbstdisziplin führt darum eher zu effektiver Umsetzung als von außen auferlegte Disziplin. Menschen brauchen einen Entscheidungsspielraum, dann übernehmen sie auch Verantwortung und leisten engagierte Arbeit.

Damit kommt auch der Y-Typ absolut zu seiner Wahrheit: Ich bin von initiativen und verantwortungsbereiten Menschen umgeben, die nur Zutrauen und Handlungsspielräume brauchen, um volles Engagement zu zeigen.

Mc Gregor plädiert dafür, überholte Menschenbilder zu erkennen, schrittweise abzulegen und sich für die förderlichen Einstellungen gegenüber Menschen zu entscheiden.

Literatur:

Juhani Ilmarinen/Jürgen Tempel: Arbeitsfähigkeit 2010. Hamburg 2002

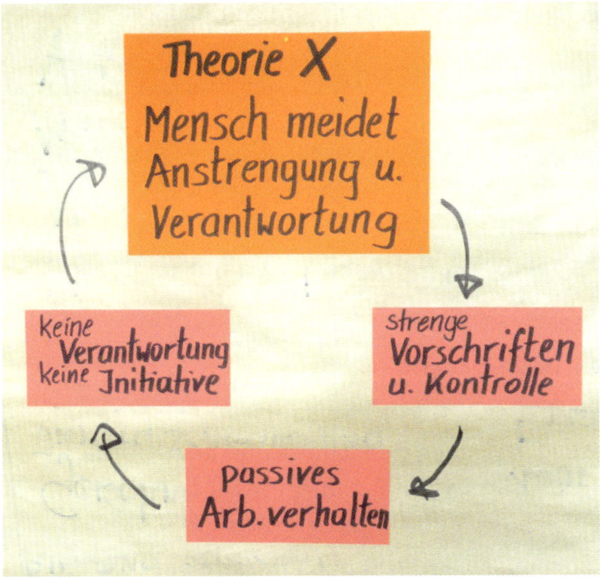

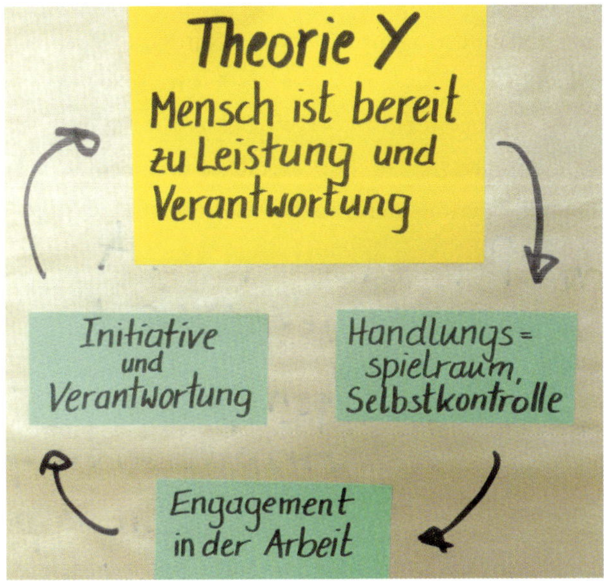

Die Kreisläufe von X- und Y-Typ bewahrheiten sich jeweils selbst.

7.6 Problemsprache und Lösungssprache

Einstellungen werden in der Sprache sichtbar

„Die Gedanken haben die Farbe deiner Worte."
(frei nach Marc Aurel)

Wir haben auf den vorangegangenen Seiten Grundeinstellungen von Menschen beschrieben, im Bild der beiden Brillen (positiv-zuversichtlich oder skeptisch-negativ), in der Motivationsausrichtung des Erfolgssuchers bzw. Misserfolgsvermeiders und in der Unterscheidung von X-Typ und Y-Typ.

Die Modelle decken sich und die Ausrichtung ist am Modus der verwendeten Sprache sichtbar. Die einen verwenden einen lösungsorientierten Modus, die anderen einen problemorientierten. Natürlich hat das selbsterfüllende Auswirkungen in Beratung, Beruf und persönlichem Erleben. Hier einige Beispiele:

Problemsprache	**Lösungssprache**
• Was läuft falsch (Versagen)?	• Was funktioniert?
• Wer ist schuld?	• Wie wird es besser?
• Fokus auf Vergangenheit	• Fokus auf Zukunft
• Defizite analysieren	• Ressourcen entwickeln
• Gründe, warum etwas nicht funktioniert	• Wege, erste Schritte
• Langwierige Beschreibung des Problems	• Inspirierende Ideen zur Lösung
• Haltung des „Besserwissens"	• Offen für Neues
• Fehler suchen	• Catch them, when they are good!
• Kritik wird oft persönlich genommen.	• Kritik als Impuls für Verbesserungen
• Das Glas ist schon halb leer.	• Das Glas ist noch halb voll.

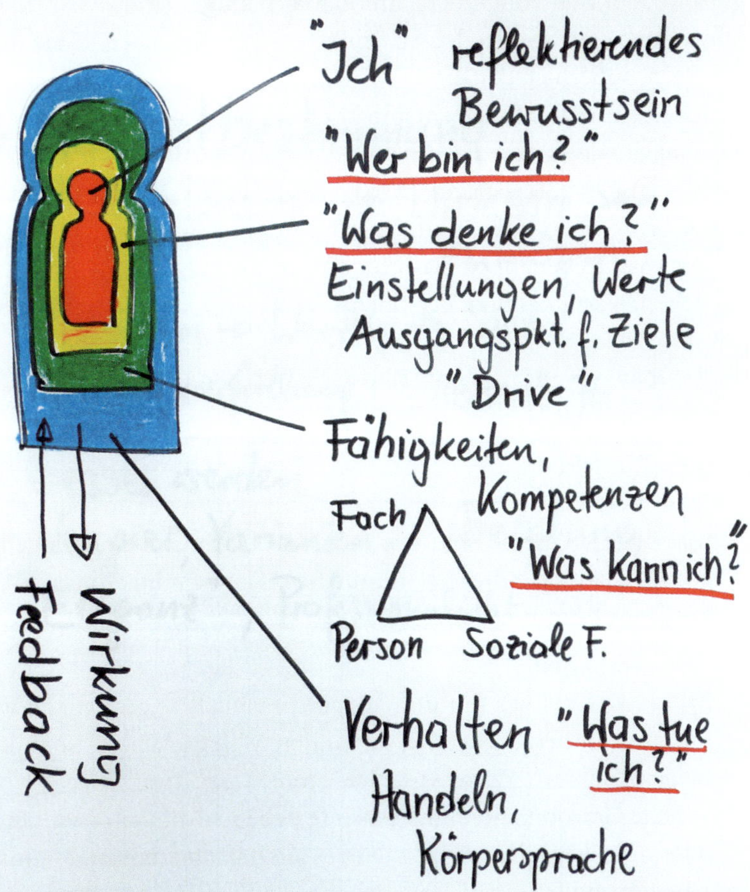

Die Einstellung der Person wird außen sichtbar.

7.7 Werte – Das Modell der Logischen Ebenen

Kann ich in mich hineinblicken, um zu erkennen, was mich antreibt und was für mich wichtig ist?

Das Modell der Logischen Ebenen nimmt an, dass die Persönlichkeit von außen nach innen in Ebenen (Schichten) aufgebaut ist. Das lässt sich gut mit dem Bild vom Querschnitt eines Baumes veranschaulichen: Die Jahresringe entsprechen den Schichten der Persönlichkeit. Ganz innen ist der Kern, außerhalb der Rinde das Umfeld.

Jede Ebene im Modell entspricht einem bestimmten Bereich der Persönlichkeit. Jede Ebene hat Anteile, die mir bewusst sind, und solche, die mir noch nicht bewusst sind. Durch gezielte Fragen kann ich Licht in jede Ebene bringen. So lerne ich mich selbst besser kennen.

Positiver Nebeneffekt: Das Modell und die Fragen helfen mir auch zu verstehen, warum andere Personen sich oft ganz anders verhalten als ich selbst.

Begeben wir uns nun mit Hilfe der Logischen Ebenen auf die Reise in unsere Innenwelt:

- Mein **Umfeld**
  Das ist der Bereich, der uns umgibt und in dem wir uns bewegen. Wie verbringe ich meine Zeit? Mit wem? Wie schauen meine Umgebungen aus? Wie wirksam bin ich mit meinem Handeln im Umfeld? Welches Feedback bekomme ich?
- Mein **Verhalten**
  Mit allem, was wir tun und körpersprachlich zeigen, treten wir mit unserem Umfeld, also auch mit anderen Menschen, in Kontakt. Was tue ich konkret? Was bewirke ich damit?
  Welche Gewohnheiten und Abläufe habe ich? Bin ich eher besonnen oder quirlig? Habe ich Lust, Neues auszuprobieren (und damit über Versuch und Irrtum zu lernen)?
- Meine **Fähigkeiten**
  Ein Verhalten kann ich nur zeigen, wenn ich auch die Fähigkeiten dazu habe, z. B. Spanisch sprechen.
  Der Bereich der Fähigkeiten umfasst die gesamten Kompetenzen:

Fachkompetenz, personale Kompetenz, Sozialkompetenz, Führungskompetenz, Selbstmanagement-Techniken usw.
Wenn ich den Wunsch habe, eine neue Fähigkeit zu erlernen (z. B. Skifahren), so kann ich dies als Ziel auf der Verhaltensebene beschreiben: „Bis 15. Februar schaffe ich es, rot markierte Pisten zu befahren." Damit wird ein Ziel überprüfbar und der Erfolg sichtbar.

Die Holzfigur der Babuschka (Großmutter) oder Matryoshka (Mütterchen) symbolisiert die Ebenen von außen nach innen.

- Meine **Werte und Einstellungen**
  Das ist ein Schlüsselbereich unserer Persönlichkeit. Hier bekommt alles auf der Welt eine Bedeutung und einen besonderen Stellenwert verliehen. Was ist wichtig? Wovon gehe ich aus? Wovon bin ich überzeugt? Was ist zu tun und was zu unterlassen? Usw. Hier sind all unsere Auffassungen, Meinungen, Einstellungen, Überzeugungen, Normen und Werte vertreten. Hier wird alles bewertet, was wir in der Welt vorfinden (gut, nützlich, wichtig usw. oder eben nicht). Hier bilden wir die Welt nach unseren individuellen Maßstäben ab. Deshalb heißt diese Ebene auch **„innere Landkarte“**.
- Meine **Identität**
  Hier liegt der Kern der Persönlichkeit, das eigentliche „Ich“. Wer bin ich? Was ist meine Rolle? Wie werde ich gerufen und wie stelle ich mich anderen vor? Dieser Bereich enthält all die Sehnsüchte, Wünsche, Ziele und Pläne für das weitere Leben. Typisch für die Identität ist, dass die Werte hierarchisch geordnet sind: Es gibt wichtigere und weniger wichtige.
  Goethe soll geschrieben haben: „Zwei Seelen wohnen, ach, in meiner Brust!“ Also zwei Werte haben gleichzeitig Bedeutung, z. B. Kinder und Karriere. Bismarck soll dazu gesagt haben: „Zwei Seelen – nein – in meiner Brust ist eine ganze sich zankende Horde!“ (also z. B. Kinder, Karriere, Zeit für Partner/in, Wohnen, Reisen usw). Auf der Ebene der Identität sind Reflexion und Bewusstmachung möglich. Hier fallen die Entscheidungen für die weiteren Vorhaben.
- Mein **Weltbild**
  Diese Ebene führt über das „Ich“ hinaus. Sie bezeichnet den größeren geistigen Rahmen, in dem ich mich bewege. Welcher Teil eines größeren Ganzen bin ich? Was sind mein Platz und mein Auftrag in der Gesellschaft? Was trägt mich? Gibt es einen Bereich des Göttlichen und Spirituellen für mich?

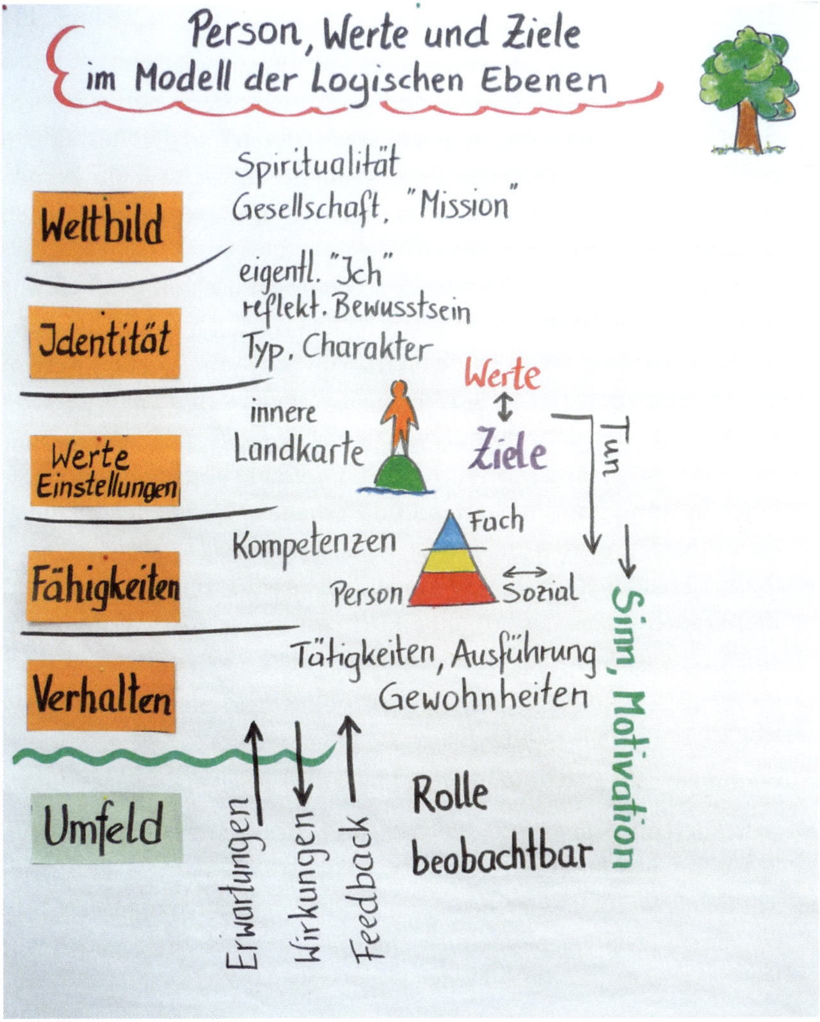

Person, Werte und Ziele
im Modell der Logischen Ebenen

Spiritualität
Gesellschaft, "Mission"
Weltbild
eigentl. "Ich"
reflekt. Bewusstsein
Typ, Charakter
Identität
Werte
innere
Landkarte
Ziele
Tun
Werte
Einstellungen
Kompetenzen
Fach
Person
Sozial
Fähigkeiten
Tätigkeiten, Ausführung
Gewohnheiten
Verhalten
Sinn, Motivation
Umfeld
Erwartungen
Wirkungen
Feedback
Rolle
beobachtbar

Das Zusammenwirken innerhalb der Logischen Ebenen

Nach dem Kennenlernen der einzelnen Ebenen können Sie wichtige **Erkenntnisse** gewinnen:

- Kinder lernen vor allem von außen nach innen: Sie ahmen nach, was sie im Umfeld vorfinden, sie orientieren sich stark an den Reaktionen der Umgebung. Erwachsene gehen oft überlegter vor, sind fürs Lernen aber auch auf Feedback von außen angewiesen. So werden die Ebenen aufgebaut und weiterentwickelt.
- Menschen handeln im Allgemeinen von innen nach außen: Was mir entspricht (Identität), was mir wichtig ist (Werte), was ich kann (Fähigkeiten), tue ich dann (Verhalten). Von innen nach außen werden die Ebenen durchlaufen – was drinnen ist, zeigt sich dann draußen – logisch – deshalb der Name „Logische Ebenen".
- Wann erlebe ich etwas als sinnvoll? Viktor Frankl beschreibt „Sinn" als Übereinstimmung von Werten und Verhalten. Wenn ich so handle, wie es meinen Werten entspricht, erlebe ich Sinn.
- Was ist Freude? Nach diesem Modell erlebe ich Freude, wenn ich ein Ziel erreicht habe, das auf allen Ebenen verankert ist. Wenn ich in einer Tätigkeit ganz aufgehe, wenn mich diese Tätigkeit fordert, aber nicht überfordert, wenn dabei die Zeit unbemerkt dahinfließt, so erlebe ich ein Flow-Gefühl.

Anregungen, um mit den Logischen Ebenen zu arbeiten:

- Reflektieren Sie die eigenen Logischen Ebenen: Schreiben Sie zu jeder Ebene auf, was für Sie typisch ist!
- Mit den Logischen Ebenen können Sie die Verwirklichung Ihrer Ziele tatkräftig unterstützen. Verankern Sie ein neues Ziel auf möglichst vielen Ebenen. Fragen Sie auf jeder Ebene, wie das Ziel hineinpasst, was es bewirkt, woran man es erkennt.
- Für die Verankerung eines Ziels in die Logischen Ebenen machen wir eine schöne Übung: Legen Sie für die Ebenen Schilder auf den Boden. Durchwandern Sie mit zwei Begleitern die Ebenen. Lassen Sie sich Fragen stellen und sprechen Sie dazu!

Das Modell der logischen Ebenen für: ______________

Weltbild	Wer noch? Mein Auftrag/meine Aufgabe allgemein? Wozu dient das Ganze? Der größere Zusammenhang?	
Identität	Wer? Wie sehe ich meine Rolle, meinen Auftrag? Welche Bedeutung hat diese Arbeit für mich? Selbstwert? Metapher, „Logo"?	
Beliefs: Werte Einstellungen	Warum? Wie sehe ich mich, wie die anderen? Erfahrungen? Antriebe, Motive, Wünsche? Einschränkungen – Spielräume? Normen/Erlaubnis, Überzeugungen? Bedeutungen, Bewertungen, Gefühle „Innere Landkarte"?	
Fähigkeiten	Wie? Fachliche, persönliche, soziale und formale Fähigkeiten? Ziele, Absichten? Vorgangsweisen, Arbeitsstile, Strategien? Potenziale?	
Verhalten	Was? In neuen Situationen? Automatisierte Abläufe, Gewohnheiten? Konkrete berufliche Tätigkeiten? Versuch und Irrtum?	
Umfeld	Wo? Wann? Arbeitsumgebung? Allein/im Team? Konstanz – Veränderung? Gepflogenheiten, Rollenverteilung Erwartungen von außen? Wie werde ich von außen wahrgenommen?	

7.8 Wenn die Motivation nicht anspringt

Pannenhilfe durch eine kleine Motivationsanalyse

Ich habe mir ein Ziel vorgenommen und durchschreite alle Zonen im Modell der Logischen Ebenen. Ich möchte mein neues Ziel mit jeder Ebene abstimmen, es vielfältig verankern. Normalerweise schreite ich danach energiegeladen zur Umsetzung.

Was tun, wenn der Motor der Motivation nicht anspringt? Irgendwo sperrt etwas.

Hier zahlt sich eine kleine Motivationsanalyse, bestehend aus vier Fragen, aus:

- **Will nicht**
  Wenn jemand nicht so tut, wie ich es gerne hätte, ist die häufigste Annahme: Die Person will nicht. Trifft dies zu, helfen Fragen zu Werten und Identität, um die Motivlage zu erkunden. Sehr oft trifft diese vorschnelle Annahme aber nicht zu, dann lohnen weitere Fragen:
  - Weiß die Person überhaupt, was ich von ihr erwarte?
  - Kann die Person es überhaupt ausführen?
  - Und wenn sie wollte, wüsste und könnte – darf sie es tun?
- **Weiß nicht**
  Hier helfen Information, Klärung und Unterstützung.
- **Kann nicht**
  Unterstützung und Schulung sind die adäquate Reaktion.
- **Darf nicht**
  Manchmal können Gruppennormen („Das gehört sich bei uns so.") und ein großer Gruppendruck bewirken, dass Personen nicht so handeln können, wie sie möchten. Hier ist an der Gruppendynamik zu arbeiten.

Literatur:

Walter Buchacher/Josef Wimmer: Das Selbstcoaching-Seminar. Wien 2010

Durch Hineinfragen in die Logischen Ebenen können Widerstände und Hindernisse erkannt werden.

7.9 Werte geben dem Handeln Richtung und Sinn

Erkunden Sie die handlungsleitenden Werte bei sich und anderen. Werte bestimmen das Handeln von Menschen. Oft sind diese Werte den handelnden Personen jedoch nicht bewusst. Damit fehlt auch den Zielen, die sie anstreben, die Basis. Werte sind ein Teil der „Insel", auf der ich stehe, und sie bestimmen meine innere Landkarte. Werte sind starke innere Überzeugungen des Richtigen und Wünschenswerten.

Erkunden Sie Ihre eigenen Werte

Habe ich die richtige Entscheidung getroffen? Habe ich das richtige Ziel gewählt?

Die Liste auf der folgenden Seite enthält einige Schlüsselbegriffe, die für Wertvorstellungen stehen (fügen Sie bei Bedarf Ihre eigenen Schlüsselbegriffe hinzu). Gehen Sie die ganze Liste durch und notieren Sie kurz Ihre Reaktion zu jedem einzelnen Schlüsselbegriff. Welche der Begriffe berühren Sie am meisten? Wählen Sie die circa sieben Begriffe aus, die die meiste innere Zustimmung auslösen, und schreiben Sie diese in der Reihenfolge ihrer Bedeutung für Sie auf.

Bei Weiterentwicklungen taucht hier oft die Frage auf: Habe ich auch wirklich die richtigen Ziele gewählt? Sind es jene Ziele, die mir entsprechen und mich weiterbringen? Die sicherste Antwort auf diese Fragen liefern die eigenen Werte. Passen meine Ziele mit meinen Werten gut zusammen, so sind sie richtig.

Erkunden Sie die Werte Ihres Gesprächspartners

Was treibt diesen an? Was ist ihm wichtig? Was ist noch wichtig? Warum ist das eine wichtiger als das andere? Welches Gefühl entsteht, wenn das Anliegen durchgesetzt wurde? Wie bewertet er die Folgen seines Handelns?

Die Frage nach den Werten macht bewusst, *warum* jemand so handelt, wie er es tut.

Werteliste

Abenteuer
Anerkennung
Arbeit
Aufmerksamkeit
Ausgelassenheit
Authentizität
Demut
Disziplin
Ehrlichkeit
Erfolg
Familie
Freiheit
Freude
Freundlichkeit
Freundschaft
Führung
Gelassenheit
Geld
Gemeinschaft
Gerechtigkeit
Gewinnen
Glaube
Großzügigkeit
Humor
Integrität
Kraft
Kreativität
Leidenschaft
Leistung
Lernen
Liebe
Loyalität
Mitleid
Nächstenliebe
Natur
Neuheit
Ökologie
Ordnung
Originaliät
Patriotismus
Perfektion
Qualität
Religion
Respekt
Schönheit
Selbstverwirklichung
Sensibilität
Sicherheit
Spannung
Spontaneität
Stabilität
Status
Tradition
Unabhängigkeit
Verantwortung
Vergnügen
Verständnis
Vielfalt
Wachstum
Wahrheit
Weisheit
Wettbewerb
Wissen
Zeit
…

Meine 5 bis 10 wichtigsten Wert-Begriffe

Literatur:

Michael J. Gelb: Das Leonardo-Prinzip. Köln 1998

Wie Ziele und Werte zusammenpassen

Eine einfache Kreuztabelle zeigt auf einen Blick, ob das, was angestrebt wird, auch wirklich gewollt wird.

Für mich als Berater:

- Sind die Entwicklungsziele, die ich mir setze, von inneren Überzeugungen und Wertvorstellungen getragen?
- Welche Ziele führen mich eher weg und welche deutlich hin zu dem, was ich wertschätze?

Für meinen ratsuchenden Gesprächspartner:

- Was steckt hinter dem Beratungsanliegen? Welche Ziele verfolgt er? Sind es Ziele, die eher dem Bereich des Hinter-sich-Bringens, Ärger, Vergeltung, Machtdemonstration und Konkurrenz zuzurechnen sind? Oder stecken hinter den Zielen Werte, die in eine positive, lösungsorientierte Zukunft weisen?

In der Tabelle wird jedes Ziel mit jedem Wert verglichen: Die Bewertung in den Kästchen erfolgt mit + für positiven Bezug, o für neutral und – für negativen Bezug.

Werte Ziele												

Alle Plus abzüglich aller Minus ergibt welche Zahl?

Etwas erledigen („weg von etwas") ist mühsam und bringt bei Erfolg höchstens ein Gefühl der Erleichterung. Beim Anstreben eines wertvollen Ziels („hin zu") entstehen Vorfreude und Motivation. Die Anstrengung lohnt sich.

7.10 Die tägliche Arbeitslast bewältigen

Prioritäten setzen mit der Eisenhower-Methode

Die Kunst, Wesentliches von Unwesentlichem zu unterscheiden, ist eine große Hilfe bei der Bewältigung der tagtäglichen Anforderungen. Dabei hilft eine Methode des Arbeits- und Zeitmanagements, die ihren Namen vom ehemaligen US-Präsidenten hat. Er hat seine Arbeit nach diesem Schema organisiert, das durch seine Einfachheit besticht.

Mit Hilfe dieser Methode können Sie Ihre Prioritäten sinnvoll setzen und anstehende Aufgaben nach Wichtigkeit und Dringlichkeit ordnen. Damit können Sie leichter entscheiden, ob Sie eine Aufgabe sofort, später oder gar nicht bearbeiten werden.

Nutzen Sie die folgenden vier Möglichkeiten zur **Prioritätensetzung**:

- **Dringend und wichtig**
  Packen Sie sofort an und erledigen Sie diese Aufgaben selbst. „Management by sofort" ist äußerst effektiv, aber Achtung: Zu starker Termindruck, Überlastung und Überforderung sind eine Gefahr.
- **Wichtig, aber nicht dringend**
  Nehmen Sie diese Aufgaben fest in Ihre Zeitplanung auf – setzen Sie sich Termine. Visionen zulassen, Leitbilder entwickeln, Sinn der eigenen Tätigkeit bewusst machen, Beziehungen pflegen, persönliche Entwicklung und Weiterbildung – das können nur Sie selbst machen. Da diese Aufgaben aber nicht so dringlich sind, gehen sie im Tagesgeschäft oft verloren. In diesem Feld liegen Sinn, Motivation und auch Gesundheit.
- **Dringend, aber nicht wichtig**
  Das sollte jemand anderer erledigen. Delegieren Sie und schauen Sie, dass Sie diese Belastungen loswerden.
- **Weder dringend noch wichtig**
  Das sind Aufgaben für den Papierkorb, lassen Sie die Finger davon.

Legen Sie eine **To-do-Liste** an und ordnen Sie die anstehenden Aufgaben nach Dringlichkeit und Wichtigkeit in das Eisenhower-Fenster ein.

Gratulation! Sie haben sicher etwas für den Papierkorb oder zum Delegieren gefunden und Zeit und Energie für das Wesentliche gespart.

(aus: Walter Buchacher/Josef Wimmer: Das Selbstcoaching-Seminar. Wien 2010)

Die Arbeit nach Prioritäten reihen

7.11 Zeitfresser und Störenfriede

„Wenn Du Dich von jedem Hund, der Dir begegnet, anbellen lässt, wirst Du nie ankommen!“
(Sprichwort)

Viele Telefonate und der direkte Kontakt zu den Klienten sind für Berater die selbstverständliche Notwendigkeit im Rahmen ihres Arbeitstages. Aber es gibt auch immer wieder Zeiten, in denen sie sich ungestört auf eine Sache konzentrieren möchten oder müssen. Das kennen Sie sicher: Sie arbeiten sich in ein Thema ein, sind dabei, einen Gedanken zu entwickeln, nehmen gerade alle Verzweigungen eines Problems wieder auf, haben sich richtig angereichert mit den entscheidenden Fragen – eine neue Sms-Mitteilung, das Telefon läutet, die Sekretärin braucht eine Unterschrift, der liebe Kollege wollte „nur schnell vorbeischauen“. Und Sie können mühevoll wieder von vorne anfangen.

Bei jeder Unterbrechung geht Leistungsfähigkeit verloren, jede Störung zieht einen Leistungsabfall nach sich. Das geht so lange, bis Sie nach einigen Störungen oder Unterbrechungen die Arbeit abbrechen, um sie „später“, „nach Dienst“ oder „daheim“ wieder aufzunehmen.

Das muss nicht sein!

Beachten Sie konsequent einige der folgenden **Empfehlungen** und Sie werden Ihre Arbeit erfolgreicher bewältigen:

- **Nehmen** Sie zuerst überhaupt **einmal wahr**, welche Unterbrechungen notwendig sind und deshalb akzeptiert werden müssen und welche jedoch verhindert werden könnten.
- Auch Berater müssen nicht immer für alle jederzeit erreichbar sein. Klare **Regelungen** für die telefonische und reale Erreichbarkeit sind äußerst hilfreich. Hier sind Sie aber auch selbst gefordert: Das Mobiltelefon und der PC haben einen Knopf, den man auch zum vorübergehenden Ausschalten der Geräte benutzen darf.
- Die **Bürotür** sollten Sie außerhalb der Zeiten für den Parteienverkehr **schließen**. Das Signal der Öffnung steht in keim Verhältnis zum Ausmaß der Störungen und Ablenkungen. **Sperrzeiten** sind der entscheidende Schlüssel zur Steigerung der persönlichen Effizienz.

- **Sagen Sie** deutlich **Nein**, wenn Sie keine Zeit haben. Mit einer kurzen Begründung frustrieren Sie auch niemanden. Noch besser ist es, wenn Sie so klare Zugangsregelungen haben, dass Sie zwischendurch nicht einmal Nein sagen müssen.

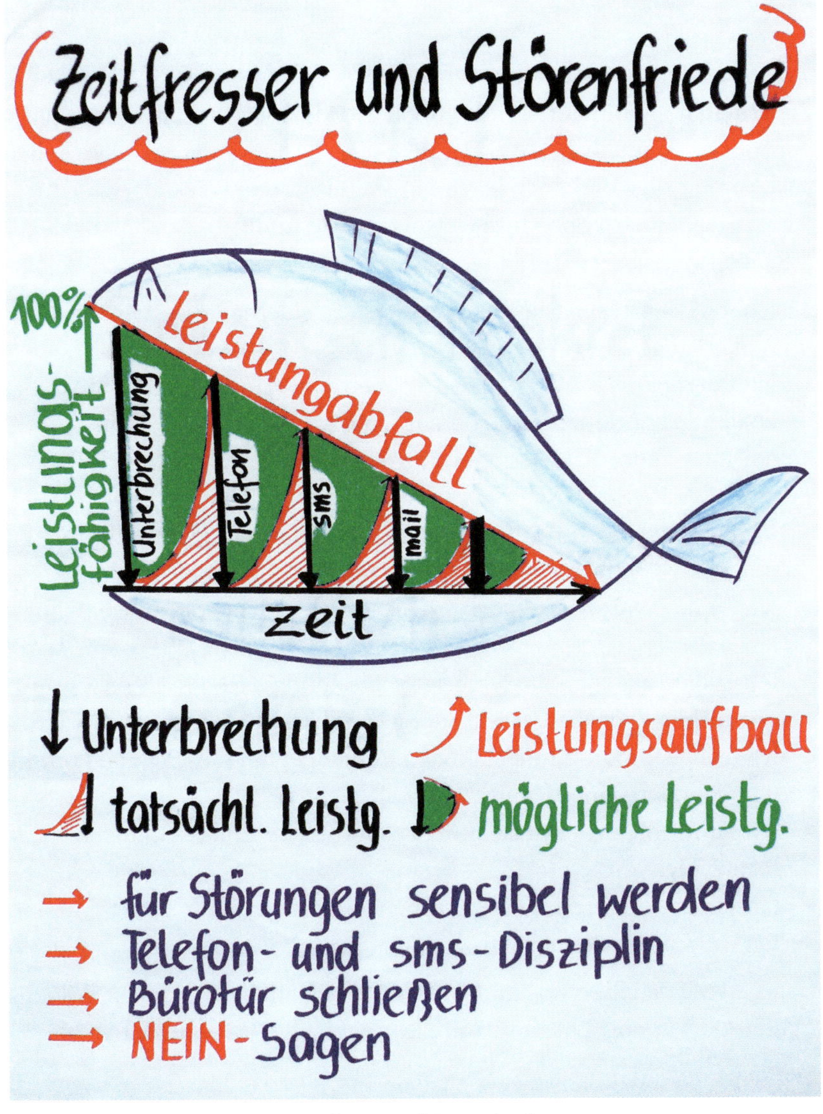

Zeitfresser und Störenfriede

7.12 Zeitraubende Gewohnheiten in der Beratung abbauen

„Ich muss mit der Gewohnheit brechen, bevor sie mich gebrochen hat.“
(Georg Christoph Lichtenberg)

Sie arbeiten als Berater ständig unter Zeitdruck, schaffen das Arbeitspensum kaum und haben das Gefühl, nie fertig zu werden? Andere haben auch ihre Erfolge und noch jede Menge Freizeit und Privatleben dazu?

Schauen Sie sich doch Ihre **Gewohnheiten und Rituale** einmal an. Bei welchen fühlen Sie sich ertappt?

- Ich muss alles selber machen, sonst ist es fehlerhaft oder wird zu langsam erledigt.
- Ich übernehme im Übereifer Aufgaben spontan. Wenn ich jedoch die Folgen später durchdenke, bereue ich es.
- Ich muss jedes Papier x-mal umdrehen, bevor ich es aus der Hand gebe. Ich überprüfe ständig alles und sichere mich mehrfach ab.
- Ich habe an meinem Arbeitsplatz so eine Unordnung, dass ich viel Zeit mit Suchen verbringen muss.
- Ich komme chronisch zu spät. Ich schaffe es nicht, Termine einzuhalten.
- Ich erkläre Klienten die Dinge so schlecht, dass ich durch Rückfragen erst recht aufgehalten werde oder gar ein weiterer Termin nötig wird.
- Ich bringe die Dinge nicht auf den Punkt: Ich bin redselig und komme vom Hundertsten ins Tausendste.
- Ich kann mich nicht entschließen und treffe Entscheidungen nicht rechtzeitig.
- Ich schiebe unangenehme Aufgaben vor mir her.
- Ich will immer alles wissen.

Dagegen müssen Sie etwas tun! Suchen Sie sich auf der folgenden Seite die richtige Abbaumöglichkeit für Ihre zeitraubenden Gewohnheiten:

Macht der Gewohnheit

Behindernde Gewohnheit		Abbaumöglichkeit
* alles selber machen	→	anderen was zutrauen
* übereifrig immer Aufgaben übernehmen	→	NEIN-sagen
* Alles muss perfekt sein!	→	1x überprüfen genügt
* Ich komme chronisch zu spät!	→	Reservezeiten, 5' zu früh planen
* Klienten verstehen meine Erklärungen schlecht	→	Visualisierungen verwenden
* Ich kann mich nicht entschließen!	→	Entscheidungshilfen nutzen
* Schiebe Aufgaben vor mir her!	→	Management by Sofort!

Der Gewohnheit bewusst gegensteuern

7.13 Spannung – Entspannung

Die progressive Muskelentspannung nach Edmund Jacobson

Diese Entspannungstechnik ist leicht zu erlernen, benötigt wenig Zeit, bringt schnell Erfolg und Sie brauchen dazu weder Sportkleidung noch Turnsaal. Die progressive Muskelentspannung ist deshalb besonders geeignet für aktive Menschen, die ständig Herausforderungen ausgesetzt sind.

Ein paar Minuten im Büro, Wartezeiten im Auto, in der Mittagspause oder ausführlich zu Hause in gemütlicher Atmosphäre – Sie können sich gedanklich selbst anleiten oder sich über eine angenehme Stimme von einer CD führen lassen. Wer will und Zeit hat, kann auch intensiver in eine Gruppe einsteigen.

Was ist die Idee dahinter und wie funktioniert es?

Durch körperliche Entspannung kann seelische Entspannung erreicht werden. Deshalb werden bewusst und gezielt verschiedene Muskelgruppen in allen Körperregionen nacheinander sieben bis zehn Sekunden angespannt, danach wird die Spannung schlagartig gelöst. Den Entspannungszustand sollten Sie mindestens doppelt so lang genießen. Lassen sie sich nicht von Brillen oder zu engen Kleidungsstücken einengen und atmen Sie gleichmäßig.

Sie können die Übung sitzend oder liegend, mit offenen oder geschlossenen Augen durchführen – immer gilt: Je ungestörter und lockerer Sie sich fühlen, desto besser ist die Wirkung.

Arbeiten Sie nacheinander rechte Hand, rechten Unterarm, rechten Oberarm, linke Hand, linken Unterarm, linken Oberarm, Stirn, Augenpartie, Nase, Kiefer/Mundpartie, Gesicht, Nacken, Schulter, Rücken, Bauch, Beckenboden/Gesäß, rechten Fuß, rechten Unterschenkel, rechten Oberschenkel, linken Fuß, linken Unterschenkel, linken Oberschenkel durch.

Wer nur Zeit für das Gesicht oder die Arme oder den Rumpf hat, tut sich auch schon etwas Gutes.

Schon bei etwas Regelmäßigkeit werden Sie die Wirkung spüren:

„Setzen Sie Sich bitte bequem hin und atmen Sie gleichmäßig. Konzentrieren Sie sich mit Ihren Gedanken jetzt auf Ihre rechte Hand. Ballen Sie die rechte Hand ganz fest zur Faust und halten Sie diese Spannung (für sieben bis zehn Sekunden). Lösen Sie die Spannung jetzt explosiv und genießen Sie das „leichte" Gefühl in der Hand. Jetzt konzentrieren Sie sich …"

(Setzen Sie selbst fort.)

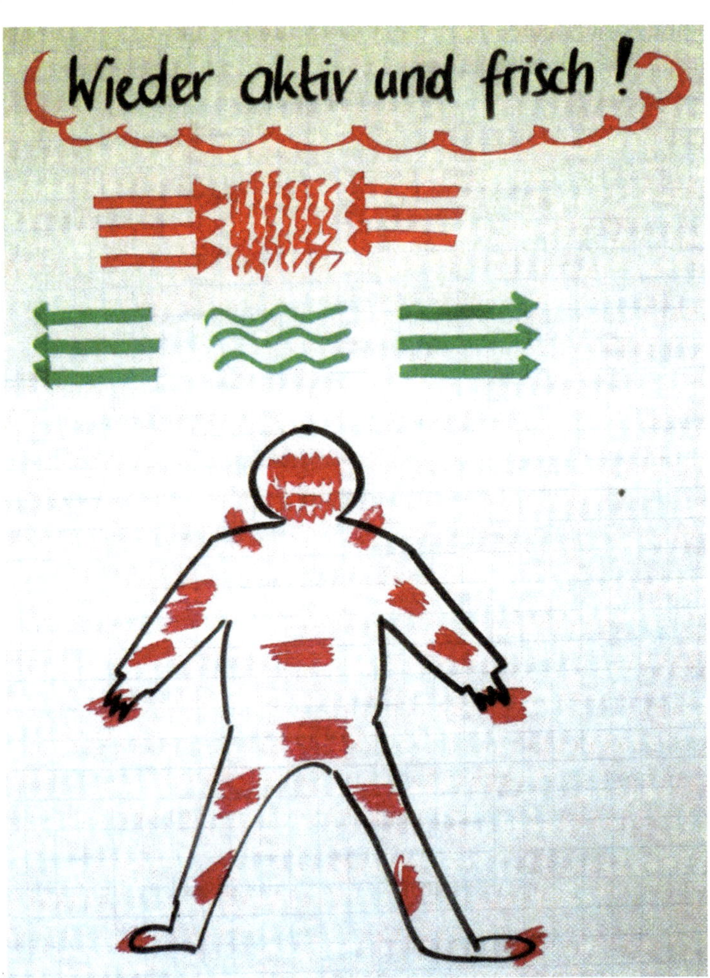

Die kleine Erfrischung zwischendurch

7.14 Der „Gute Rat" für Berater und Beraterinnen

Um Selbstreflexion und Selbstschutz intakt zu halten, bedarf es von Zeit zu Zeit zusätzlich einer Außenperspektive sowie der Unterstützung von anderen. Denn: Im Beratungsgespräch sind Beraterinnen und Berater manchmal unentwirrbar in Situationen verstrickt, fühlen sich hilflos oder ratlos, ärgern sich, haben „blinde Flecken" oder erkennen Grenzen nicht. Da ist es notwendig, hilfreich und entlastend, selbst Rat und Unterstützung zu suchen.

Möglichkeiten dafür sind:

- Situativer, kollegialer **Austausch** im Arbeitsalltag
- **Peergroups** – sich selbst organisierende Gruppen von Beratern und Beraterinnen, die sich regelmäßig zur Besprechung von Fall- und Arbeitssituationen treffen
- **Supervision** (einzeln oder in Gruppen) – eine professionelle, durch den Supervisor oder die Supervisorin angeleitete, unterstützende und begleitende Beratungsform, in der berufliche Anforderungen, Herausforderungen und Probleme reflektiert und geklärt werden, neue Sichtweisen und Verstehenshorizonte entwickelt sowie Lösungswege und Handlungsmöglichkeiten erarbeitet werden.
- **Aus- und Weiterbildung** in Fach- und Beratungskompetenz

Auf diese Weise lässt sich Burn-out, für das Menschen in Beratungsberufen besonders anfällig sind, oftmals verhindern und die Freude am Beraten erhalten.

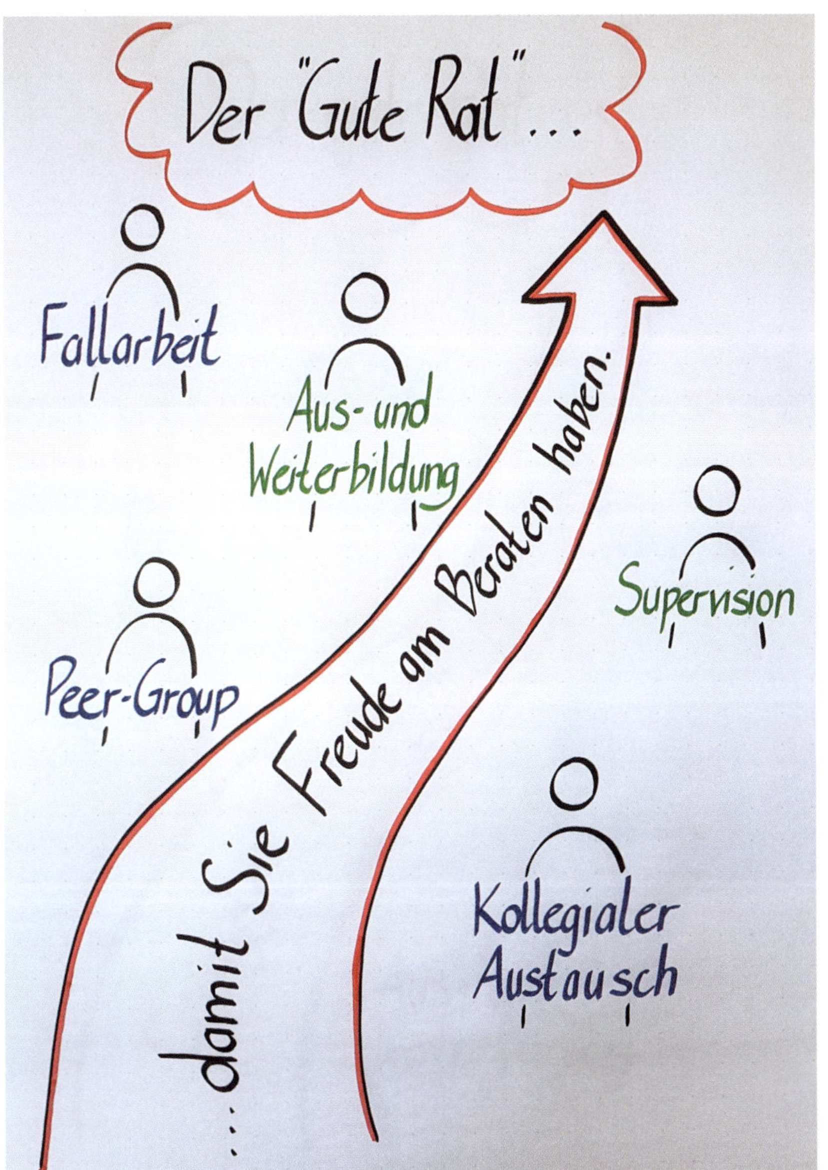

Der gute Rat für Freude und Weiterentwicklung in der Fachberatung

Die Zukunft der Fachberatung

Der Bedarf an Fachberatung wird weiter steigen. Krisen, gesellschaftliche Veränderungen, rascher Wandel in den Lebenswelten von Menschen bedeuten eine erhöhte Komplexität und ein Mehr an Unsicherheit. Alleine das Älterwerden der Menschen, die Veränderungen der Arbeitswelt, des Zusammenlebens und Wohnens, sowie die neuen Informations- und Kommunikationsformen stellen die Gemeinschaft und den Einzelnen vor neue Fragen.

Fachberatung muss Fragen beantworten – Fachberatung ist Information. Fachberatung, die sich jedoch als reine Informationsweitergabe versteht, geht in den meisten Fällen an den Bedürfnissen der Klientinnen und Klienten vorbei. Gerade in Zeiten der – wenn auch ungleich verteilten – leichteren Zugänglichkeit zu Information durch die neuen Medien verändert sich auch die Erwartung an die Fachberatung: Das im Internet und in Foren gewonnene Wissen soll in die Fachberatung einbezogen und geordnet werden. Auch wird neben der fachlichen Information meist eine Hilfestellung zur Problemlösung erwartet. Komplexe Lebenssituationen brauchen eine Entsprechung in der Beratung. Die Kompetenz, sowohl Expertenwissen vermitteln als auch Problemlösungsprozesse konstruktiv gestalten zu können, wird das Zukunftsthema der Fachberatung.

Eine einander ausschließende Differenzierung in Fach-, Prozess- und Psychosoziale Beratung entspricht schon heute möglicherweise mehr den Beratern als den Klienten. Auch bei notwendiger Aufrechterhaltung von klaren Unterschieden, gehört die Zukunft Fachberatungsmodellen, die prozessorientiert, synergetisch vernetzt, kontextbezogen, multidisziplinär, diversitätsbewusst, ressourcen-, ziel- und lösungsorientiert sind.

Die Fachberatung darf auch in Zukunft den Klientinnen und Klienten die Verantwortung für ihre Situation nicht abnehmen – die eigene Steuerungsfähigkeit soll im Beratungsprozess weiterentwickelt werden können. Dafür brauchen Fachberaterinnen und -berater Prozess-Know-how, und Organisationen müssen wissen, dass diese Form der Beratung – die die Zufriedenheit von Klienten und Beratern steigert – Zeit benötigt.

Die Förderung von Prävention ist eine unverzichtbare Aufgabe der Fachberatung. Beraterinnen und Berater sammeln Einzelfallwissen und erhöhen ihre Wirksamkeit, indem sie ihre Erfahrung in präventive Maßnahmen einbringen: Publikationen, Vorträge, Medienauftritte, Lehrpläne, Schulungen, Vorschläge für Gesetzesänderungen, um nur einige zu nennen.

Auch wenn sich die Formen der Beratung (Einzel- und Gruppenberatung, Telefon- und Onlineberatung) weiter differenzieren werden – Vertrauen ist immer die Basis einer wirksamen Fachberatung. Im vorliegenden Buch wurde oftmals beschrieben, wie sich Vertrauen in der „Face-to-face"-Situation bildet. Wie sich die leichte Zugänglichkeit zu Beratungsformen im Netz auf die Herstellung von tragfähigem Vertrauen zu einem anonymen Gegenüber auswirkt, bleibt eine der offenen Fragen.

Beratung braucht jedenfalls weiterhin die Auseinandersetzung mit der Gesellschaft, in der sie stattfindet, eine theoretische und methodische Orientierung sowie die professionelle Reflexion der täglichen Praxis: Indem die Fachberatung diese Anforderungen aufnimmt, gestaltet sie ihre Zukunft!

Autorin und Autoren

Dr. Adelheid Wimmer, BA
ist Juristin, Psychoanalytikerin und systemische Organisationsberaterin. Sie ist geschäftsführende Gesellschafterin des Trainings- und Beratungsunternehmens C.C.T. Wimmer Consulting GmbH und Geschäftsführerin der Wohnen Plus Akademie GmbH und Expert Plus Consulting GmbH. Seit mehr als zwanzig Jahren ist sie unter anderem in der Aus- und Weiterbildung von Fachberaterinnen und Fachberatern tätig und begleitet diese, einzeln und in Gruppen, auch als Supervisorin und Coach.

Mag. Dr. Walter Buchacher
ist Hochschulprofessor für Bildungswissenschaften. Er hat „BiBer – die Bildungsberatung für Erwachsene" in Salzburg aufgebaut und über mehrere Jahre mitbetreut. Zusammen mit Josef Wimmer betreibt er das „Salzburger Institut für Weiterbildung Gesellschaft mbH" und ist geschäftsführender Gesellschafter und Trainer für Seminare, Workshops und Coachings. Regelmäßige Publikationstätigkeit, vor allem als Sachbuchautor im Linde Verlag. www.siwb.at

Dipl. Phys. Gerhard Kamp, BA MSc
ist Transaktionsanalytiker und Coach. Er ist geschäftsführender Gesellschafter der C.C.T. Wimmer Consulting GmbH, Geschäftsführer der Wohnen Plus Akademie GmbH und Expert Plus Consulting GmbH und gestaltet gemeinsam mit Dr. Adelheid Wimmer unter anderem den Bereich Beratung und Coaching.

Dr. Josef Wimmer
ist Professor für Humanwissenschaften. Über Jahrzehnte hat er in verschiedenen Standesvertretungen und Berufsorganisationen fachlich und in sehr vielen Coachinggesprächen beruflich und persönlich beraten. Gemeinsam mit Walter Buchacher führt er das „Salzburger Institut für Weiterbildung, Gesellschaft mbH" als geschäftsführender Gesellschafter und leitet Seminare, Workshops und Coachings. Die zahlreichen Publikationen sind vor allem bei Linde international als Sachbücher erschienen. www.siwb.at

Literatur

Bauer, Joachim: Das Gedächtnis des Körpers – Wie Beziehungen und Lebensstile unsere Gene steuern. Frankfurt 2002

Birkenbihl, Michael: Train the Trainer. Arbeitshandbuch für Ausbilder und Dozenten. München 1980

Boos, Frank/Heitger, Barbara (Hrsg.): Veränderung – systemisch. Management des Wandels. Praxis, Konzepte und Zukunft. Beratergruppe Neuwaldegg 2009

Bouhafa/Fucik/Kleindienst-Passweg/Rath: Verhandeln vor Gericht. Zuhören – Verstehen – Vertreten. Wien 2011

Buchacher, Walter/Wimmer, Josef: Das Seminar. Wirksam vortragen und lebendige Seminare gestalten. Wien 2006

Buchacher, Walter/Wimmer, Josef: Das Führungsseminar. Werkzeuge für den Führungsalltag in Wort und Bild. Wien 2008

Buchacher, Walter/Wimmer, Josef: Das Selbstcoaching-Seminar. Ich nehme meine Zukunft selbst in die Hand. Wien 2010

Cohn, Ruth: Lebendiges Lehren und Lernen. Themenzentrierte Interaktion macht Schule. Stuttgart 2007

Culley, Sue: Beratung als Prozess. Lehrbuch kommunikativer Fertigkeiten. Weinheim und Basel 2002

Czypionka, Stefan: Umgang mit schwierigen Partnern. Wien/Frankfurt 2000

Fisher, Roger/Ury, William/Patton, Bruce: Das Harvard-Konzept. Sachgerecht verhandeln – erfolgreich verhandeln. Frankfurt/Main 2001

Foerster, Heinz v.: Wissen und Gewissen. Versuch einer Brücke. Frankfurt 1993

Fritz, Martina: Fachtagung 18.10.2010. http://www.eva-stuttgart.de/fachtag mdchenschlagenzu.html

Gelb, Michael J.: Das Leonardo-Prinzip. Köln 1998

Glasl, Friedrich: Konfliktmanagement. Ein Handbuch für Führungskräfte, Beraterinnen und Berater. 10. Auflage, Stuttgart 2011

Glatz, Hans/Graf-Götz, Friedrich: Organisationen gestalten. Neue Wege und Konzepte für Organisationsentwicklung und Selbstmanagement. 4. Auflage, Weinheim 2003

Gordon, Thomas: Die Familienkonferenz. Die Lösung von Konflikten zwischen Eltern und Kind. München 2012

Gührs, Manfred/Nowak, Klaus: Das konstruktive Gespräch. Ein Leitfaden für Beratung, Unterricht und Mitarbeiterführung mit Konzepten der Transaktionsanalyse. Meezen 2006

Haeske, Udo: Beschwerden und Reklamationen managen. Weinheim/Basel 2001

Haft, Fritjof: Verhandlung und Mediation. Die Alternative zum Rechtsstreit. München 2000

Harris, Thomas: Ich bin o.k. – Du bist o.k. Wie wir uns selbst besser verstehen und unsere Einstellung zu anderen verändern können. Eine Einführung in die Transaktionsanalyse. Reinbek 1975

Hennig, Claudius: Das Elternberatungsgespräch. Donauwörth 2003

Hennig, Claudius/Keller, Gustav: Lehrer lösen Schulprobleme. Lernförderung. Verhaltenssteuerung. Gesprächsführung. 3. Auflage, Donauwörth 2000

Höglinger, August: Grenzen setzen. Linz 2010

Ilmarinen, Juhani/Tempel, Jürgen: Arbeitsfähigkeit 2010. Hamburg 2002

Jencius, Thomas/Stollreiter, Marc/Völgyfy, Johannes: Stress-Management. Das WAAGE-Programm. Mehr Erfolg, weniger Stress. Weinheim 2000

Knopf Wolfgang/Walther, Ingrid: Beratung mit Gehirn – Neurowissenschaftliche Erkenntnisse für die Praxis von Supervision und Coaching. Wien 2010

König, Karl: Kleine psychoanalytische Charakterkunde. Göttingen 1997

Lundin, Stephen C./Paul, Harry/Christensen, John: Fish! Ein ungewöhnliches Motivationsbuch. Wien 2001

Nöllke, Matthias: Schlagfertigkeit. Planegg/München 1999

Riemann, Fritz: Die Grundformen der Angst. Eine tiefenpsychologische Studie. München 2011

Schulz von Thun, Friedemann: Miteinander reden. Bände 1 bis 3. Reinbek 2010

Schulz von Thun, Friedemann/Zach, Kathrin/Zoller Karen: Miteinander reden von A bis Z. Lexikon der Kommunikationspsychologie. Reinbek 2012

Seifert, Josef W.: Visualisieren, Präsentieren, Moderieren. Offenbach 2000

Spitzer, Manfred: Lernen, Gehirnforschung und die Schule des Lebens. Heidelberg/Berlin 2003

Stroebe, Rainer W.: Kommunikation 1. Grundlagen, Gerüchte, schriftliche Kommunikation. München 2001

Vogelauer, Werner: Methoden-ABC im Coaching. Praktisches Handwerkszeug für den erfolgreichen Coach. 6. Auflage, München 2011

Watzlawick, Paul u. a.: Menschliche Kommunikation. Formen, Störungen, Paradoxien. Bern 2000

Wittgenstein, Ludwig: Tractatus logico philosophicus. Frankfurt 1999

Stichwortverzeichnis